整洁代码的艺术

THE ART OF CLEAN CODE
BEST PRACTICES TO ELIMINATE
COMPLEXITY AND SIMPLIFY YOUR LIFE

[德] 克里斯蒂安·迈尔（Christian Mayer）◎ 著　　韩磊 严敏 马飞雄 ◎ 译

U0103827

人民邮电出版社
北京

图书在版编目（CIP）数据

整洁代码的艺术 / （德）克里斯蒂安·迈尔
（Christian Mayer）著；韩磊，严敏，马飞雄译. -- 北
京：人民邮电出版社，2023.6
ISBN 978-7-115-60747-8

Ⅰ．①整… Ⅱ．①克… ②韩… ③严… ④马… Ⅲ.
①码 Ⅳ．①O157.4

中国版本图书馆CIP数据核字(2022)第252457号

◆ 著　　　［德］克里斯蒂安·迈尔（Christian Mayer）
　　译　　　韩　磊　严　敏　马飞雄
　　责任编辑　郭　媛
　　责任印制　王　郁　焦志炜
◆ 人民邮电出版社出版发行　　北京市丰台区成寿寺路 11 号
　　邮编　100164　电子邮件　315@ptpress.com.cn
　　网址　https://www.ptpress.com.cn
　　三河市祥达印刷包装有限公司印刷
◆ 开本：720×960　1/16
　　印张：11　　　　　　　　　　2023 年 6 月第 1 版
　　字数：168 千字　　　　　　　2023 年 6 月河北第 1 次印刷
　　著作权合同登记号　图字：01-2022-3857 号

定价：69.80 元

读者服务热线：(010)81055410　印装质量热线：(010)81055316
反盗版热线：(010)81055315
广告经营许可证：京东市监广登字 20170147 号

内 容 提 要

　　大多数软件开发人员在复杂的代码上浪费了大量的时间。《整洁代码的艺术》提出的九大原则将教会您如何编写清晰、可维护且功能完备的代码。本书的指导原则很简单：缩减和简化，将精力投入到重要的工作上，省下大量的时间，卸下代码维护的重担。

　　畅销书作者克里斯蒂安·迈尔在本书中利用他的经验帮助成千上万程序员完善他们的编码技能。他给出专业建议和真实例子，展示如何：利用 80/20 原则，专注于重要任务——最要紧的那 20%代码；避免孤立编码，创建最小可行产品，获得早期反馈；编写整洁、简单的代码，消除混乱；避免导致代码过度复杂的过早优化；平衡您的目标、能力与反馈，达到高产出的心流状态；应用"做好一件事"哲学，极大地提升代码功能；利用"少即是多"哲学，设计高效用户界面；用"专注"原则贯穿所学的这些新技能。

　　本书采用 Python 作为示例语言，但以与语言无关的方式呈现概念，适合不同水平的程序员。

作 者 简 介

　　克里斯蒂安·迈尔（Christian Mayer）是知名 Python 网站 Finxter 的创办人。每年有超过 500 万用户在 Finxter 教育平台上学习写程序。他拥有计算机科学博士学位，出版过多本图书，包括 *Python One-Liners: Write Concise, Eloquent Python Like a Professional*、*Leaving the Rat Race with Python: An Insider's Guide to Freelance Developing* 和 "Coffee Break Python" 系列图书。

技术审校者简介

　　诺厄·斯潘（Noah Spahn）在软件工程领域拥有广泛的从业经验。他在美国加利福尼亚州立大学富乐敦分校（California State University, Fullerton）获得软件工程硕士学位，目前供职于加利福尼亚大学圣塔芭芭拉分校（University of California, Santa Barbara，UCSB）计算机安全实验室。他在 UCSB 教授跨学科协作 Python 课程，同时也在威斯蒙特学院（Westmont College）教授高年级必修课——编程语言概念。他乐于教导每位求学者。

译 者 简 介

　　韩磊是 AR 技术公司亮风台的产研副总裁。在此之前，他曾在大学、技术媒体和财经媒体工作，有多年的企业经营管理、社区与媒体运营经验。他与人合著有《网络媒体教程》，合译有《Beginning C# Objects 中文版：概念到代码》，译有《梦断代码》《C#编程风格》《代码整洁之道》《UNIX 传奇：历史与回忆》《匠艺整洁之道：程序员的职业修养》等图书。

译　者　序

这是一本讲述常识的书。

如果您已经有多年职业经验，读到书中内容，不免会觉得都是老生常谈。然而，常识之所以需要被一遍又一遍地提起，正是因为人们总以为自己已经掌握了它。殊不知我们常常混淆"掌握"与"知道"，拿知道当掌握，不免一遍又一遍地违背常识，吃够苦头。

这是一本讲述编程领域常识的书。自从有软件以来，技术专才对它的研究和实践产出了各种方法论和流派。最近十来年，"整洁代码"成为其中一支主要的思想派别，也成了软件界的主流常识。罗伯特·C.马丁（鲍勃大叔）的"整洁"系列著作被奉为圭臬。但拿知道当掌握的戏码又一次上演了，我们继续违背常识，写着并不整洁的代码，吃够苦头。

这还是一本讲述在所有专业工作中如何保持高产出的书。随便翻翻，您会发现，书中的代码量少到不像一本技术书。这就对了。再仔细阅读，您会发现，总共 9 章正文里面，只有第 4 章、第 5 章和第 7 章与技术百分之百有关，其他章要么仅有一部分与技术有关，要么与技术毫无关系。作者跳出技术本身，从社会学、心理学的角度谈技术人的成功要素，反而能对埋头于代码中的程序员有别开生面的启发。例如第 2 章，用多个数据证明帕累托原则的现实意义，告诉读者将有限的时间和精力持续聚焦于少数要务会获得更有效的成果。又如第 6 章，介绍心理学上的"心流"的概念，看似与技术风马牛不相及，却是提升技术人员产出的"大杀器"。

本书作者既是经验丰富的开发人员，又是编程技术在线教育平台的创始人与运营者，对于提升编程能力和整体产出自有一套心法，总而言之曰"专注"。有趣的是，在"专注"主旨之下，书中有些观点与鲍勃大叔意见截然相左。例如"心流"，鲍勃大叔在《匠艺整洁之道：程序员的职业修养》（*Clean Craftsmanship: Disciplines, Standards, and Ethics*）中就明确反对过。我相信这种事必然因人而异、各有道理，不必评判孰对孰错。

在翻译过程中，我时常忍不住想给这本书改个名，因为它真的没花很多篇幅阐述"整洁代码"，它更像是一本讲成功学的书。那么，什么名字更适合呢？有本经典经营管理类著作，名为《追求卓越》（*In Search of Excellence: Lessons from America's Best-Run Companies*）。虽然在深度和广度上，《整洁代码的艺术》都远远比不上《追求卓越》，但我愿意借后者给前者重新命名为《追求卓越：程序员生存之道》。

希望程序员读者能从这本书里面学会自己的职业生存与发展之道。

感谢我的合译者广东外语外贸大学教师严敏女士、马飞雄先生。你们给我的帮助远不止于本书。

韩磊

2022 年 9 月 19 日

序

我还记得，当学会第一行 Python 代码时，我是多么兴奋，就像一脚踏入了充满魔力的全新宇宙。随着时间的推移，我学会了操作 Python 变量、列表和字典。然后，我又学会了写 Python 函数，并急切地开始写更复杂的 Python 代码。但没过多久我就意识到，光是写代码并不能使我成为熟手程序员——就好像仅掌握了几个小魔法，离成为魔法师还很远一样。

代码可以运行，但却十分可怕：大量重复，也难以阅读。当本书作者克里斯蒂安告诉我他写的这本书时，我心想，**如果我刚开始写代码时能读到这本书就好了**。有很多书教编码技术，但像《整洁代码的艺术》这样的书却很少。这本书会告诉您，如何应用九大原则来提高编程能力。良好的编程技能带来更整洁的代码，让您更专注、更有效地利用时间，得到更高质量的结果。

学习 Python 和数据可视化时，阅读"复杂性如何危害生产力"（第 1 章）会很有帮助。我很早就意识到，可以用更少和更容易阅读的代码构建强大的数据展示界面。我刚入门时，多学了点 Python 函数和操作，就想用尽这些"新魔法"来呈现强大的数据可视化效果，但后来我学会了用更简洁的代码来达到目的，连调试也变得极其简单和快速。

第 6 章和第 7 章中谈及的心流（flow）和 Unix 哲学是我希望自己几年前就能懂的。我们惯常认为，一心多用是一种能力。我经常为自己能够边关注电子邮件和电话边编码而感到自豪。过了一段时间，我才意识到，关闭杂念，把注意力完全放在手头的代码上会有多大好处。几个月后，我开始专门划出时间来编写代码。我不仅最终写出了更好的代码，减少了错误，而且还从这个过程中得到了更多乐趣。

　　只要应用本书中提到的那些原则，您就能更快地成为熟手程序员。实际上，我有幸亲眼见证了应用那些原则的好处：克里斯蒂安的代码非常整洁，他的作品令人信服，他本人也极为高产。能和克里斯蒂安共事，并且看到他如何践行本书中强调的那些原则，我深感幸运。

　　写好代码需要好奇心和勤加练习。然而，仅仅代码写得好不代表是优秀的程序员。本书将帮助您成为更优秀的程序员，让您更专注，更有生产力，更高效。

亚当·施罗德（Adam Schroeder）

Plotly 社区经理，*The Book of Dash: Build Dashboards*

with Python and Plotly 一书的合著者

前　言

很久以前，比尔·盖茨（Bill Gates）的父母曾邀请投资界传奇人物沃伦·巴菲特（Warren Buffett）到家里做客。后来，在接受 CNBC① 采访时，巴菲特谈到那次拜访，当时盖茨的父亲请巴菲特和盖茨各自写下他们成功的秘诀。他们写了些什么，我稍后告诉您。

当时，科技奇才盖茨和著名投资家巴菲特都是价值 10 亿美元的成功企业的领导者，虽然只见面一两次，但他们很快就成了朋友。年轻的盖茨即将达成他的使命，即通过快速增长的软件巨头微软公司（Microsoft）让计算机走进千家万户。巴菲特以世界上最成功的商业天才之一而闻名。他曾将自己控股的伯克希尔·哈撒韦公司（Berkshire Hathaway）从破产的纺织品制造商发展成为业务遍及保险、运输和能源等领域的国际性重量级公司，从此赢得盛名。

那么，这两位传奇商业人物认为自己成功的秘诀是什么呢？盖茨和巴菲特不约而同地写下了一个词：专注②。

这个"成功秘诀"听起来够简单，但您可能会问：它是否也适用于我的编码生涯？专注在实践中是什么样子的？是借助提神饮料和比萨饼熬夜编码，还是吃好一日三餐，日出而作日落而息？专注会给生活带来哪些潜移默化的影响？而且，重要的是，对于像我这样的程序员，如何从这条抽象原则中获益并提高生产力？是否有可操作的提示？

---

① 即 Consumer News and Business Channel，消费者新闻与商业频道，是美国全国广播公司（National Broadcast Company）持有的财经电视频道。——译者注

② 读者可以在 YouTube 上观看沃伦·巴菲特在接受 CNBC 采访时的发言。该视频题为"'这个词成就了比尔·盖茨和我的成功：专注'——沃伦·巴菲特"。

本书旨在回答这些问题，帮助您过上更专注的程序员生活，让日常工作变得更高效。我将告诉您如何通过编写整洁、精练、专注、更易阅读和编写、更易与其他程序员协作的代码来提高生产力。正如我将在接下来的章节中展示的那样，专注原则在软件开发的每个阶段都适用，您将学习如何编写整洁的代码、创建专注于做好一件事的函数、打造快速和响应式的应用程序、设计专注于易用性和美学的用户界面、利用最小可行产品来规划产品路线图。我甚至会告诉您，实现纯粹的专注状态可以极大地提高您的注意力，帮助您从任务中体验到更多的兴奋和快乐。正如您将看到的，本书的主旨是以各种方式做到专注——我将在接下来的章节中向您展示如何做到这一点。

对严肃的编码者来说，不断提高专注力和生产力至关重要。做更有价值的工作，往往会获得更大的回报。然而，简单地增加产出不是办法。坑在这里：**如果写更多代码，创建更多测试，读更多书，学习更多，思考更多，沟通更多，认识更多人，我就能完成更多工作。**但是，如果您不能**少做事**，就不能**多做事**。时间有限，您每天有 24 小时，每周有 7 天，就像我和其他人一样。有个躲不掉的数学限制：在有限空间里，一样东西增加，其他东西必然缩减，才能腾出地方。读更多书，可能就会遇到更少人。遇到更多人，可能会写更少代码。写更多代码，可能只会有更少时间与您爱的人在一起。鱼与熊掌不可兼得：在有限的空间里，不**减**一物则不能**增**一物。

本书不关注做更多事的明显后果，而是从另一角度来讨论：减少复杂度，从而减少工作量，同时从结果中获得更多价值。深思熟虑、追求极简是个人生产力的"圣杯"。而且，正如您将在后面的章节中看到的，它很有效。您可以通过正确的计算机编程方式和使用本书提出的恒久原则，用更少资源创造更多价值。

通过创造更多价值，您也可以获得更高报酬。比尔·盖茨有句名言："车床操作顶尖高手的工资是普通车床操作员的几倍，但顶尖软件开发者的价值是普通软件开发者的 1 万倍。"

其中一个原因是，软件开发高手执行的是一种高度杠杆化的活动：以正确的方式对计算机进行编程，可以取代成千上万的工种和数百万小时的有偿工作。例如，运行自动驾驶汽车的代码可以取代数百万人类司机的劳动，同时更便宜、更可靠、（也许）更安全。

本书为谁而写

您是个希望以运行速度更快的代码和更少痛苦创造更多价值的程序员吗？您是否曾发现自己深陷于找缺陷的泥潭里？代码的复杂性是否经常令您不知所措？您是否对决定下一步学什么无所适从，不得不从数百种编程语言——Python、Java、C++、HTML、CSS、JavaScript 以及成千上万的框架和技术——Android 应用、Bootstrap、TensorFlow、NumPy 中选择学习对象？如果以上问题的答案为"是"，那么您就选对书了！

这本书是为每一位有意提高生产力、做到事半功倍的程序员准备的。如果您崇尚简洁，并且相信奥卡姆剃刀原则——"能少费劲就别多费劲"，那么这本书就适合您。

您将学到什么

本书将告诉您，如何通过应用九大原则，将您作为程序员的能力提高几个数量级。这些原则将简化您的生活，减少复杂度、无谓的挣扎和工作时间。我并不是说这些原则都是新概念，它们都是众所周知的既定原则——被最成功的程序员、工程师、哲学家和创造者证明有效。这就是它们成为原则的首要原因！然而，在本书中，我将把这些原则放到程序员身上，给出真实示例，并尽可能给出代码范例。

第 1 章讨论提高生产力价值的主要挑战：复杂性。您将学会找出生活和代码中的复杂性来源，理解复杂性会损害生产力和产出。复杂性无处不在，您需要持续警惕，**保持简单**！

在**第 2 章**中，您将了解 **80/20 原则**对程序员的深远影响。大多数效果（80%）来自少数起因（20%）。这一原则在编程工作中无处不在。您会了解到 80/20 原则具备分形特征：20% 的程序员中的 20% 将获得 80% 的工资。换句话说，世界上 4% 的程序员赚走了 64% 的钱。对持续杠杆和优化的追求永不过时。

在**第 3 章**中，您将学习**打造最小可行产品**，尽早测试您的设想，尽量减少浪费，并提高"构建、测量和学习"周期的速度。中心思想是通过尽早获得反馈来了解在何处投入精力和注意力。

在**第 4 章**中，您将了解到编写**整洁和简单代码**的好处。与大多数人的直觉相反，编写代码首先应当最大限度地提高可读性，而不是最大限度地减少中央处理器（CPU）周期使用率。全体程序员的时间和精力比 CPU 周期要稀缺得多，而编写难以掌握的代码会降低组织的效率，以及我们人类集体智慧的效率。

在**第 5 章**中，您将了解性能优化的概念基础和过早优化陷阱。计算机科学之父高德纳（Donald Knuth）曾经说过：**"过早优化是万恶之源！"** 当您确实需要优化代码时，利用 80/20 原则：优化占用 80% 运行时间的那 20% 函数。消除瓶颈，忽略其余部分，然后再来一遍。

在**第 6 章**中，您将和我一起进入米哈里·契克森米哈（Mihaly Csikszentmihalyi）激动人心的**心流**世界。心流是一种纯粹的精神集中状态，它能成倍提高生产力。而且，据计算机科学教授卡尔·纽波特（Cal Newport）所言，心流有助于围绕深度工作建立一种文化。本章中将引用纽波特教授的一些观点。

在**第 7 章**中，您将了解 Unix 哲学，即**只做一件事**并把它做好。Unix 的开发者没有采用拥有大量功能的单体（而且可能更有效的）内核，而是实现了一个具有许多可选辅助功能的小内核。这有助于 Unix 生态系统的扩展，同时保持整洁和（相对）简单。我们将看到如何将这些原则应用于工作中。

在**第 8 章**中，您将进入计算机科学中另一个得益于极简主义思维的重要领域：设计和用户体验（UX）。想想雅虎搜索（Yahoo Search）和谷歌搜索（Google Search）、黑莓（Blackberry）和 iPhone，以及 OkCupid 和 Tinder[①]之间的差异。最成功的技术产品往往有着极其简单的用户界面。原因是，在设计中，**少即是多**。

在**第 9 章**中，您将重新审视**专注**的威力，并学习如何将其应用于不同领域，从而极大地提高您（和您的项目）的产出。

最后，我们将做一个总结，提供可操作的下一步措施，并让您带着一套可靠的工具去简化这个复杂的世界。

---

① OkCupid 和 Tinder 均为在线约会网站。——译者注

致　　谢

从许多人那里得到贡献和启发，才能写出一本编程书。与其尽列人名，不如践行我自己的建议：**少即是多。**

首先，也是最重要的，我想感谢您。我写这本书是为了帮助您提高编码技能，解决现实世界中的实际问题。您愿意花宝贵时间阅读，我很感激。我写这本书的主要目的是，通过分享种种技巧和策略，让您在编码生涯中节省时间和减轻压力，使您学有所得。

我最大的动力来自 Finxter 社区的活跃学员们。每天，我都会收到来自 Finxter 学员的鼓励，促使我继续笔耕。当您阅读本书时，我想全心全意地邀请您加入 Finxter 社区。很高兴您能来！

诚挚感谢 No Starch 出版社团队，他们令我在写作过程中灵感迸发。感谢我的编辑利兹·查德威克（Liz Chadwick），正是她的出色指引，才使这本书达到了我自己无法做到的条理清晰程度。在本书从草稿到出版的过程中，卡特里娜·泰勒（Katrina Taylor）展现了罕见的人员管理和文本理解才能。卡特里娜，感谢您让这本书成为现实。技术审校诺厄·斯潘（Noah Spahn）投入了出色的技术能力来"调试"我的作品。特别感谢 No Starch 出版社的创始人比尔·波洛克（Bill Pollock），他允许我把本书与 *Python One-Liners: Write Concise, Eloquent Python Like a Professional* 和 *The Book of Dash: Build Dashboards with Python and Plotly* 作为系列书为他教育和取悦程序员的使命贡献绵薄之力。比尔是编码行业中鼓舞人心和广受欢迎的领导者，但他仍然会抽出时间做一些小事，比如在节假日、周末和晚上回复我的消息和问题！

永远感激我美丽的妻子安娜（Anna），她不遗余力地支持我；还有我可爱的女儿阿马莉，她拥有许多奇思妙想；以及我充满好奇心的儿子加布里埃尔，他永远是我们的开心果。

那么，咱们就此开始如何？

送给我的孩子阿马莉（Amalie）和加布里埃尔（Gabriel）。

资源与支持

本书由异步社区出品，社区（https://www.epubit.com）为您提供相关资源和后续服务。

提交错误信息

作者、译者和编辑尽最大努力来确保书中内容的准确性，但难免会存在疏漏。欢迎您将发现的问题反馈给我们，帮助我们提升图书的质量。

当您发现错误时，请登录异步社区，按书名搜索，进入本书页面，单击"发表勘误"，输入相关信息，单击"提交勘误"按钮即可，如下图所示。本书的作者、译者和编辑会对您提交的勘误进行审核，确认并接受后，您将获赠异步社区的 100 积分。积分可用于在异步社区兑换优惠券、样书或奖品。

扫码关注本书

扫描右侧的二维码，您将会在异步社区微信服务号中看到本书信息及相关的服务提示。

与我们联系

我们的联系邮箱是 contact@epubit.com.cn。

如果您对本书有任何疑问或建议，请您发邮件给我们，并请在邮件标题中注明本书书名，以便我们更高效地做出反馈。

如果您有兴趣出版图书、录制教学视频，或者参与图书翻译、技术审校等工作，可以发邮件给我们；有意出版图书的作者也可以到异步社区在线投稿（直接访问 www.epubit.com/ selfpublish/submission 即可）。

如果您所在的学校、培训机构或企业，想批量购买本书或异步社区出版的其他图书，也可以发邮件给我们。

如果您在网上发现有针对异步社区出品图书的各种形式的盗版行为，包括对图书全部或部分内容的非授权传播，请您将怀疑有侵权行为的链接发邮件给我们。您的这一举动是对作者权益的保护，也是我们持续为您提供有价值的内容的动力之源。

关于异步社区和异步图书

"异步社区"是人民邮电出版社旗下 IT 专业图书社区，致力于出版精品 IT 图书和相关学习产品，为作译者提供优质出版服务。异步社区创办于 2015 年 8 月，提供大量精品 IT 图书和电子书，以及高品质技术文章和视频课程。更多详情请访问异步社区官网 https://www.epubit.com。

"异步图书"是由异步社区编辑团队策划出版的精品 IT 图书的品牌，依托于人民邮电出版社近 40 年的计算机图书出版积累和专业编辑团队，相关图书在封面上印有异步图书的 Logo。异步图书的出版领域包括软件开发、大数据、人工智能、测试、前端、网络技术等。

异步社区

微信服务号

目　　录

第 1 章　复杂性如何危害生产力

在这一章中，我们将全面了解复杂性这个重要而又探索极度不足的话题。复杂性究竟是什么？它在哪里发生？它会如何损害生产力？复杂性是精益高效组织和个人的大敌，所以值得仔细研究其存在的所有领域及存在形式。本章重点讨论复杂性问题，其余各章将探讨有效的方法，通过重新安排以前被其占据的资源来解决它。

对于编程新手，有些问题可能复杂和令人生畏。我们来快速看看。

- 选择编程语言。
- 从数千个开源项目和大量现实问题中选出适合自己的。
- 决定使用哪些库。（是用 Scikit-lean 还是 NumPy？或者 TensorFlow？）
- 决定在哪些先进技术上投入时间——Alexa 应用、智能手机应用、基于浏览器的网页应用、Facebook 或微信中的小程序应用、虚拟现实应用等。
- 选择代码编辑器，如 PyCharm、IDLE（integrated development and learning environment，集成开发与学习环境）或是 Atom。

这些复杂性来源会造成巨大混乱。**“我如何开始”**成了编程初学者的常见问题之一，这并不奇怪。

最好的开始方式不是找本编程书，阅读该编程语言的所有语法特征。许多雄心勃勃的学生购买编程书，然后将学习任务添加到待办事项清单中——他们以为花钱买书，就会认真读。但就像待办事项清单上的许多其他任务一样，他们很少能读完编程书。

最好的开始方式是找个实际代码项目——如果您是初学者,就找个简单的项目,然后推动它完成。在完成一个完整的项目之前,不要阅读编程书或网络上随便找的教程。不要在 StackOverflow 上滚动浏览无穷无尽的帖子。只需要设置好项目,用您拥有的有限技能和常识开始编码。我有个学生想创建一个金融仪表板应用程序,检查不同资产配置的历史回报,回答诸如"由 50%股票和 50%政府债券组成的投资组合的最大跌幅是多少"之类的问题。起初,她不知道如何实现这个项目,但很快就找到了 Python Dash 框架,该框架能够构建基于数据的网络应用。她学会如何设置服务器,而且只学了满足所需的超文本标记语言(HTML)和层叠样式表(CSS)来推进工作。现在她的应用程序已经上线,帮助成千上万人找到了正确的资产配置。但是,更重要的是,她加入了 Python Dash 开发团队,甚至还在与 No Starch 出版社合作,写一本关于 Python Dash 的书。她在一年内做到了这一切——您也可以。如果您不明白自己在做什么,也没关系,理解会逐渐加深,您可以只阅读能推动当前项目的文章。在完成第一个项目的过程中,会遇到以下高度相关的问题。

- 用哪个代码编辑器?
- 如何安装编程语言环境?
- 如何从文件中读取内容?
- 如何在程序中保存输入内容以供后用?
- 如何通过控制输入来获得所需输出?

通过回答这些问题,您将逐渐获得全面的技能组合。随着时间的推移,您将能够更好、更轻松地回答这些问题,您将能够解决更大的难题,您将建立起自己的编程模式和概念洞察力。即使是高级程序员也可以通过这个过程来学习和提高——只是项目变得更大、更复杂。

通过这种基于项目的学习方法,您可能会发现自己得应对一些复杂性问题,比如在不断增长的代码库中寻找缺陷,理解代码组件和它们之间的互动,选择下一步要实现的合适功能,以及理解代码的数学和概念基础。

复杂性无处不在,在项目的每个阶段都是如此。复杂性常常带来隐性成本:新手程序员颓然放弃,因为他们的项目永远看不到曙光。因此,问题来了:如何解决复杂性问题?

答案直截了当：**简化**。在编码周期的每个阶段都追求简单和专注。如果您从这本书中只学到一件事，那就是：在编程的每个领域都要采取彻底的极简主义。在本书中，我们将讨论以下方法。

- 梳理一天的工作，少做一些事，把精力集中在重要任务上。例如，与其同时开始 10 个有趣的新项目，不如选择其一，把所有精力集中在完成当前项目上。在第 2 章中，您将更详细地了解编程中的 80/20 原则。
- 对于单个软件项目，摈弃所有非必要特性，专注于最小可行产品（见第 3 章），完成并发布它，高效、快速地验证您的设想。
- 尽量编写简单精练的代码。在第 4 章中，您将学会如何做到这一点。
- 少花时间与精力在过早优化上——非必要的代码优化是多余复杂性的主要来源（见第 5 章）。
- 锁定用于编程的大块时间，避免分心，进入**心流**状态——心流是一个心理学研究的概念，指一种能提升注意力、专注程度和生产力的意识专注状态。第 6 章将专门讨论如何进入心流状态。
- 实践 Unix 哲学，代码功能只针对一个目标（"做好一件事"）。第 7 章以 Python 代码为例，给出了 Unix 哲学的详细指引。
- 在设计方案中贯彻简化原则，创建漂亮、整洁、专注、易于使用、符合直觉的用户界面（见第 8 章）。
- 在规划事业发展、下一个项目、每天工作或是专业领域时，使用专注技巧（见第 9 章）。

让我们更深入地研究复杂性概念，了解编码生产力的大敌。

1.1 何为复杂性

在不同领域中，**复杂性**这个词有不同的含义。有时，它被严格定义，如计算机程序的**计算复杂性**（**computational complexity**），提供了一种分析对于不同输入的特定代码功能的方法。其他时候，它被宽松地定义为系统组件之间相互作用的数量或结构。在本书中，我们将更广泛地使用后一个概念。

我们如此定义**复杂性**。

复杂性是由多个部分组成的，难以分析、难以理解或难以解释的一个整体。

复杂性描述了一个完整的系统或实体。因为复杂性使系统难以解释，所以会引起挣扎和混乱。现实世界系统是混乱的，您会发现复杂性无处不在：股票市场、社会趋势、新出现的政治观点，以及拥有数十万行代码的大型计算机程序——如 Windows 操作系统。

程序员特别容易被过强的复杂性所困扰，例如本章将要涉及的这些不同来源的复杂性。

- 项目生命周期中的复杂性。
- 软件和算法理论中的复杂性。
- 学习中的复杂性。
- 各种过程中的复杂性。
- 社交网络中的复杂性。
- 日常生活中的复杂性。

1.2 项目生命周期中的复杂性

让我们深入项目生命周期管理的不同阶段：规划、定义、设计、构建、测试和部署（见图 1-1）。

图 1-1 软件项目的六个概念性阶段［依据电气电子工程师协会
（IEEE）的官方软件工程标准］

即使是非常小的软件项目，也可能要经历软件开发生命周期的全部六个阶段。请注意，每个阶段不一定只经历一次——在现代软件开发中，一般倾向于采用有更多迭代的实践方法，每个阶段都要经历多次。接下来，我们将看看复杂性如何对每个阶段产生重大影响。

1.2.1 规划

软件开发生命周期的第一阶段是规划阶段，有时在工程文献中被称为**需求分析**。这个阶段的目的是确定产品看起来是什么样子[①]。成功的规划带来一套被严格定义的所需功能，未来将交付给终端用户。

无论您是自己做喜欢的项目，还是负责管理和协调多个软件开发团队，都必须弄清楚软件的最佳功能集合。必须考虑一些因素：实现一个功能的成本，不能成功实现该功能的风险，对最终用户的预期价值，市场和销售的影响，可维护性，可扩展性，法律限制，等等。

规划阶段至关重要，因为它可以使您免于浪费大量精力。规划错误会导致价值数百万美元的资源浪费。另外，细致的规划可以为企业在未来获得巨大成功做好准备。规划阶段正是应用您新获得的 80/20 思维技能的时候（见第 2 章）。

规划阶段也很难做得好，因为它具有复杂性。对以下因素的考虑增加了规划复杂性：提前正确地评估风险，弄清公司或组织的战略方向，猜测客户反应，权衡不同候选功能的积极影响，以及确定某个软件功能的法律影响。总的来说，解决这个多维度问题非常麻烦，让我们很难受。

1.2.2 定义

定义阶段将规划阶段成果转化为合乎规定的软件需求。换句话说，它将前一阶段的产出梳理成正式文档，以获得客户和以后使用该产品的最终用户的批准或反馈。

[①] 原文如此。严格来说，规划阶段的工作是确定研发目的及其可行性。——译者注

如果您花了很多时间来规划和弄清楚项目需求，但却没有很好地沟通，这将会对以后造成很大的问题和困难。错误定义但有助于项目的需求可能与正确制定但没有帮助的需求同样糟糕。有效沟通和精确的规格说明对于避免歧义和误解至关重要。在所有的人类交流中，由于"知识的诅咒[①]"和其他与个人经验不符的心理偏见，信息传递成了相当麻烦的事。如果您试图把想法（或需求）从您的头脑传递到另一个人的头脑中，要小心：复杂性将是拦路虎！

1.2.3　设计

设计阶段的目标是起草系统的架构，决定提供所定义功能的模块和组件，并设计用户界面——同时牢记前两个阶段产出的需求。设计阶段的黄金标准是为最终软件产品的外观和构建方式创建清晰的图景，这适用于所有软件工程方法，敏捷方法只是在这些阶段中更快地迭代。

优秀的系统设计者必须了解可用于建立系统的大量软件工具的优缺点。例如，有些库可能对程序员来说很容易使用，但执行速度很慢。构建自定义库对程序员来说更难，但可能会带来更快的速度，从而改善最终软件产品的易用性。设计阶段必须固定这些变量，使投入产出比最大化。

1.2.4　构建

构建阶段是许多程序员希望投入全部时间的地方。在这里，架构草案将转化为软件产品。您的想法将转变为有形的结果。

通过前几个阶段的适当准备，很多复杂性已经消除了。理想情况下，构建者应该知道，应当从所有可能的特性中选择实现哪一些特性，这些特性是什么样子，以及可以用哪些工具来实现它们。然而，构建阶段总是新问题不断。有很多意料之外的事情，如外部库中的缺陷、性能问题、损坏的数据和人为的错误等，都会减缓进度。构建软件产品是高度复杂的工作，一个小小的拼写错误就会破坏整个

---

① "知识的诅咒"是一个心理学术语，指别人学习我们已经掌握的东西，或是从事我们所熟悉的工作时，我们会倾向于错估他需要花费更长的时间。

软件产品的可行性。

1.2.5　测试

恭喜！您已经实现了所有特性，而且程序似乎能运行起来了。不过，您并没有真正完成。您仍然必须针对不同的用户输入和使用模式测试软件产品。这个阶段往往最重要——以至于许多从业者现在提倡使用**测试驱动开发方法**，即在没有写完所有的测试之前，您甚至不会（在构建阶段）开始实现功能[①]。虽然您可以反对这个观点，但一般来说，花时间创建测试用例来测试产品，检查软件是否为这些测试用例提供了正确的结果，会是一个好主意。

例如，假设您正在实现使一辆汽车自动驾驶的程序，您必须写单元测试来检查代码中每个小函数（一个**单元**）在给定输入下是否产生了预期输出。单元测试通常会发现一些有问题的函数，这些函数在某些（极端）输入下表现得很奇怪。例如，考虑以下 Python 函数，它计算图像的平均红、绿、蓝（RGB）颜色值，也许可以用来辨别您是在城市还是在森林中旅行。

```python
def average_rgb(pixels):
    r = [x[0] for x in pixels]
    g = [x[1] for x in pixels]
    b = [x[2] for x in pixels]
    n = len(r)
    return (sum(r)/n, sum(g)/n, sum(b)/n)
```

例如，下面的像素列表产生的平均红、绿、蓝值分别为 96.0、64.0 和 11.0。

```python
print(average_rgb([(0, 0, 0),
                   (256, 128, 0),
                   (32, 64, 33)]))
```

输出结果如下所示。

```
(96.0, 64.0, 11.0)
```

虽然函数看起来很简单，但在实践中很多地方都会出错。如果像素列表被破

[①] 原文如此。实际上，测试驱动开发并不鼓励写完所有测试之后才着手写生产代码，而是要求在更小单元（如一个函数甚至一种参数输入）上用测试来推动代码的实现。——译者注

坏了，有些 RGB 元组只有两个元素而不是三个元素怎么办？如果有一个值是非整数类型的呢？如果输出必须是整数数组，避免所有浮点计算所固有的浮点错误，又该怎么办？

单元测试可以对所有这些条件进行测试，确保该函数能正常工作。

下面是两个简单的单元测试，其中一个检查输入为零的边界情况，另一个检查函数是否返回了包含整数值的元组。

```python
def unit_test_avg():
    print('Test average...')
    print(average_rgb([(0, 0, 0)]) == average_rgb([(0, 0, 0), (0, 0, 0)]))

def unit_test_type():
    print('Test type...')
    for i in range(3):
        print(type(average_rgb([(1, 2, 3), (4, 5, 6)])[i]) == int)

unit_test_avg()
unit_test_type()
```

结果显示，类型检查失败，函数没有返回正确的类型（即整数元组）。

```
Test average...
True
Test type...
False
False
False
```

在更现实的环境中，测试人员会编写数百个这样的单元测试，检查该函数在接受每种类型的输入时是否产生如预期的输出。只有当单元测试显示该函数工作正常，我们才能继续测试应用程序的更高层级函数。

事实上，即便所有单元测试都成功通过，测试阶段也还没结束。您必须测试各单元之间的正确互动，因为它们正一起构建更大的整体。您必须设计真实世界中的测试，驾驶汽车行驶数千甚至数万英里，发现在奇怪和不可预测情况下的意外行为模式。车辆在没有路标的小路上行驶会怎样？前车急刹会怎样？如果多辆汽车在十字路口互相等待呢？如果司机突然转向正在接近的车流呢？

要考虑的测试太多，复杂程度太高，以至于很多人止步于此。理论上看起来不错的东西，即便第一次成功实施，也常常在应用于不同层面的软件测试（如单元测试或真实世界的使用测试）实践中失败。

1.2.6　部署

软件已经通过了严格的测试，是时候部署它了。部署可以采取多种形式。应用程序也许会发布到市场上，软件包也许会发布到存储库，主要（或次要）版本也许会公开发布。在更加迭代和敏捷的软件开发方法中，您会进行**持续部署**，多次经历部署阶段。根据具体项目不同，这个阶段需要推出产品、开展营销活动、与产品的早期用户交谈、修复暴露在用户面前后肯定会出现的新缺陷、协调软件在不同操作系统上的部署、排除不同种类的问题，或者持续维护代码库、适应新情况和改进代码。考虑到您在前几个阶段作出和实施的各种设计选择的复杂性和相互依赖关系，这个阶段可能会变得相当混乱。后面的章节将提出一些策略来帮助您解决这些混乱问题。

1.3　软件和算法理论中的复杂性

软件中某一小部分可能与软件开发过程同样复杂。软件工程中有许多用来度量软件复杂性的指标。

首先，我们来看看**算法复杂度**，它与不同算法的资源需求有关。利用算法复杂度指标，您可以比较针对同一问题的不同算法。例如，假设您已经实现了一个带有分数评级系统的游戏应用。您希望分数最高的玩家出现在列表顶部，分数最低的玩家出现在底部。换句话说，您需要对列表进行**排序**。存在数千种对列表进行排序的算法，对 1,000,000 名球员进行排序在计算上比对 100 名球员进行排序的要求更高。有些算法随着列表输入规模的增长而表现得更好，有些算法的表现却更差。当应用程序为几百个用户服务时，选择哪种算法其实并不重要，但随着用户群的增长，列表运行时的复杂度会超线性增长。很快，终端用户将不得不等待越来越久的列表排序时间。他们会开始抱怨，而您则需要更好的算法。

图 1-2 举例说明了两种示意性算法的复杂度。横轴显示了待排序列表的大小。纵轴显示算法的运行时间（以时间为单位）。算法 1 比算法 2 慢得多。事实上，要排序的列表元素越多，算法 1 的低效率问题就越明显。使用算法 1，玩家越多，游戏应用程序将变得越慢。

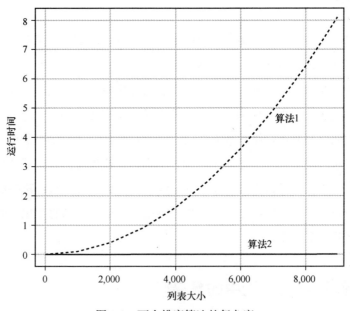

图 1-2   两个排序算法的复杂度

让我们看看这在真正的 Python 排序例程中是否成立。图 1-3 比较了 3 种流行的排序算法：冒泡排序、快速排序和蒂姆排序（Timsort[①]）。冒泡排序算法的复杂度最高，快速排序算法和蒂姆排序算法具有相同的算法渐进复杂度，但是蒂姆排序算法仍然快得多——这就是它被用作 Python 默认排序程序的原因。冒泡排序算法的运行时间随着列表大小的增加而爆炸式增加。

在图 1-4 中，我们重复这个实验，但只针对快速排序算法和蒂姆排序算法。同样，二者的算法复杂度也有巨大差异：蒂姆排序算法的处理规模适应性更好，对于不断增长的列表大小来说速度更快。现在您明白为什么 Python 内置的排序算法已经很久没变了吧！

————————————

① 2002 年由 Tim Peters 使用 Python 语言实现。——译者注

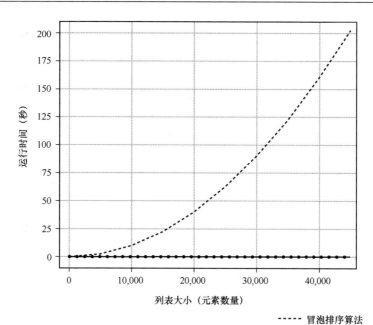

图 1-3 冒泡排序算法、快速排序算法和蒂姆排序算法的算法复杂度

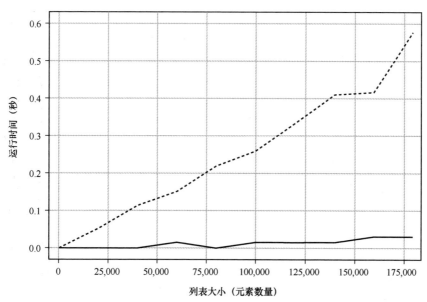

图 1-4 快速排序算法与蒂姆排序算法的算法复杂度

如果您想重现这个实验，可以参见代码清单 1-1。建议您选择一个较小的 n 值，因为这段代码在我的计算机上运行了很长时间才结束。

代码清单 1-1   度量 3 种流行排序算法的运行时间

```python
import matplotlib.pyplot as plt
import math
import time
import random


def bubblesort(l):
    # src: https://blog.finxter.com/daily-python-puzzle-bubble-sort/
    lst = l[:] # Work with a copy, don't modify the original
    for passesLeft in range(len(lst)-1, 0, -1):
        for i in range(passesLeft):
            if lst[i] > lst[i + 1]:
                lst[i], lst[i + 1] = lst[i + 1], lst[i]
    return lst


def qsort(lst):
    # Explanation: https://blog.finxter.com/python-one-line-quicksort/
    q = lambda lst: q([x for x in lst[1:] if x <= lst[0]])
                    + [lst[0]]
                    + q([x for x in lst if x > lst[0]]) if lst else []
    return q(lst)


def timsort(l):
    # sorted() uses Timsort internally
    return sorted(l)


def create_random_list(n):
    return random.sample(range(n), n)


n = 50000
xs = list(range(1,n,n//10))
```

```
y_bubble = []
y_qsort = []
y_tim = []

for x in xs:

    # Create list
    lst = create_random_list(x)

    # Measure time bubble sort
    start = time.time()
    bubblesort(lst)
    y_bubble.append(time.time()-start)

    # Measure time qsort
    start = time.time()
    qsort(lst)
    y_qsort.append(time.time()-start)

    # Measure time Timsort
    start = time.time()
    timsort(lst)
    y_tim.append(time.time()-start)


plt.plot(xs, y_bubble, '-x', label='Bubblesort')
plt.plot(xs, y_qsort, '-o', label='Quicksort')
plt.plot(xs, y_tim, '--.', label='Timsort')

plt.grid()
plt.xlabel('List Size (No. Elements)')
plt.ylabel('Runtime (s)')
plt.legend()
plt.savefig('alg_complexity_new.pdf')
plt.savefig('alg_complexity_new.jpg')
plt.show()
```

算法复杂度早已被研究透彻了。在我看来，从研究中产生的改进算法是人类最宝贵的技术资产之一。它使我们能够以更少的资源去解决同样的问题。我们真正站在了巨人的肩膀上。

除了算法复杂度，我们还可以用**循路复杂度**（**cyclomatic complexity**）来衡量代码的复杂度。这个指标是由托马斯·麦凯布（Thomas McCabe）在 1976 年开发的，它描述了通过代码的**线性无关**（**linearly independent**）路径的数量，或至少有一条边不在其他路径上的路径的数量。例如，带有 `if` 语句的代码会导致两条独立路径通过您的代码，所以其循路复杂度会比没有分支的普通代码高。图 1-5 显示了两个处理用户输入并作出相应反应的 Python 程序的循路复杂度。第一个程序只包含一个条件分支，这可以说是一个岔路口。任何一个分支都可以被使用，但不能同时使用。因此，循路复杂度为 2，因为有两条线性无关的路径。第二个程序包含两个条件分支，总共有 3 条线性无关的路径，循路复杂度为 3。每一个额外的 `if` 语句都会增加循路复杂度。

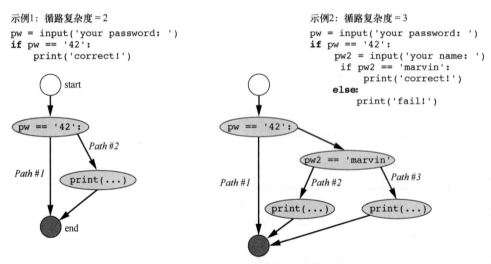

图 1-5　两个 Python 程序的循路复杂度

循路复杂度是可靠的代用指标，用于衡量认知复杂度，即理解一个特定代码库的难度。然而，循路复杂度没有覆盖一些情况，例如与普通 `for` 循环相比，多个嵌套 `for` 循环带来的认知复杂度。NPath 之类其他度量标准在循路复杂度的基础上有所改进。总而言之，代码复杂度不仅是算法理论的重要课题，而且与实现代码时的全部实际问题有关，也与编写易于理解、可读和强固的代码有关。几十年来，算法理论和编程复杂度都得到了深入的研究。这些努力的主要目标之一是**减少计算和非计算的复杂度**，减轻其对人类和机器生产力及资源利用的有害影响。

1.4 学习中的复杂性

事实并不存在于真空中，而是相互关联的。考虑如下两个事实。

沃尔特·迪斯尼（Walt Disney）生于 1901 年。

路易斯·阿姆斯特朗（Louis Armstrong）生于 1901 年。

如果您向一个程序提供这些事实，它就可以回答**"沃尔特·迪斯尼的出生年份是哪一年"**以及**"谁出生于 1901 年"**这样的问题。为了回答后一个问题，程序必须弄清不同事实之间的相互依赖关系。它可以这样建立信息模型：

```
(Walt Disney, born, 1901)
(Louis Armstrong, born, 1901)
```

为了获得所有 1901 出生的人的信息，它可以使用查询(*,born,1901)或其他方式将事实联系起来并且分组。

2012 年，谷歌推出了新的搜索功能，在搜索结果页上显示信息框。这些基于事实的信息框是使用一种叫作**知识图谱（knowledge graph）**的数据结构填充的。知识图谱是由数十亿个相互关联的事实组成的庞大数据库，以类似网络的结构表示信息。这个数据库不存储客观和独立的事实，而是维护不同事实与信息片段之间的相互关系。谷歌搜索引擎使用这种知识图谱，用更高层次的知识来丰富其搜索结果，并自主地形成答案。

图 1-6 展示了一个例子。知识图谱上也许有一个关于著名计算机科学家艾伦·图灵（Alan Turing）的节点。在知识图谱中，艾伦·图灵的概念与不同的信息片段相连，如他的出生年份（1912），他的研究领域（计算机科学、哲学、语言学），以及他的博士生导师（阿朗佐·丘奇，Alonzo Church）。这些信息中的每一条都与其他事实相关联（阿朗佐·丘奇的研究领域也是计算机科学），形成了一个相互关联的庞大事实网络。您可以利用这个网络来获取新信息，并编写程序来回答用户查询。关于

"field of study of Turing's doctorial advisor"的查询将演绎出答案"Computer science"。虽然这听起来微不足道或显而易见,但产生这种新事实的能力导致了信息检索和搜索引擎相关性的突破。您可能会同意,通过联想来学习远比记住不相关的事实更有效。

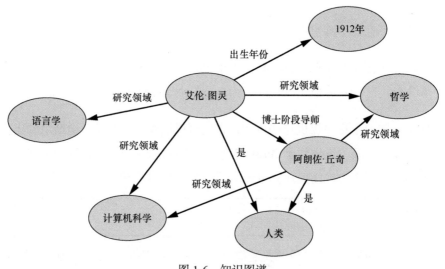

图 1-6   知识图谱

在图谱中呈现的一些三元关系:

```
("Alan Turing", "has doctoral advisor", "Alonzo Church")
("Alan Turing", "has field of study", "Philosophy")
("Alan Turing", "has field of study", "Linguistics")
```

每个研究领域只关注图谱的一小部分。图谱的每一部分都由无数个相互关联的事实组成。只有考虑到相关事实,您才能真正理解一个领域。要彻底了解艾伦·图灵,您必须研究他的信仰、他的哲学以及他的博士生导师的特征。要了解丘奇,您必须调查他与图灵的关系。当然,图谱中有太多相关的依赖关系和事实,不能指望全盘了解。这些相互关系的复杂性给您的学习雄心划定了边界。学习和复杂性是硬币的两面:复杂性处于您已经获得的知识的边界。为了学习更多的知识,您必须首先知道如何控制复杂性。

有点抽象了,所以让我们举个例子吧。假设您想编写一个交易机器人程序,根据一套复杂的规则买卖资产。在开始项目之前,您可以学习很多有用的知识:编程基础知识、分布式系统、数据库、应用编程接口(API)、网络服务、机器学习,以及数据科学和相关的数学知识。您可以学习实用工具,如 Python、NumPy、scikit-learn、ccxt、TensorFlow 和 Flask。您可以学习交易策略和股票市场的理念。许多人以这样的心态来对待这些问题,所以从来不会感到已经准备好开始这个项目。问题是,您学得越多,就越觉得自己的知识不足。您永远不会在所有这些领域达到足够的掌握程度或感到准备好了。整个工作复杂得让您不知所措,您感到自己就快放弃。复杂性即将带走它的下一个加害对象:您。

幸运的是,在本书的各个章节中,您会学到对抗复杂性的技能:专注、简化、规模降低、缩减和极简主义。本书将教会您这些技能。

1.5 过程中的复杂性

所谓**过程**,就是以实现确定结果为目标而采取的一系列行动。过程的复杂程度由其行动、参与者或分支的数量来计算。一般来说,行动(和参与者)越多,过程就越复杂(见图 1-7)。

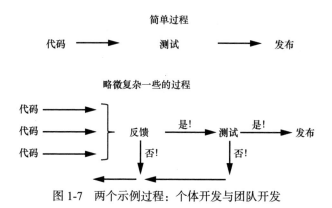

图 1-7 两个示例过程:个体开发与团队开发

许多软件公司在不同的业务部门采用不同的流程模型,试图简化流程。下面是一些例子。

● 软件开发团队可能会采用敏捷开发或 scrum 方法。

- 客户关系拓展部门可能会采用客户关系管理系统（CRM）和销售话术。
- 新产品和商业模式部门可能会采用商业模式画板。

当组织积累了太多的流程，复杂性就会开始堵塞系统。例如，在优步公司（Uber）进入市场之前，从 A 地到 B 地的旅行过程往往涉及许多步骤：寻找出租车公司电话号码、比较价格、准备不同的付款方式、计划不同的交通方式等。对许多人来说，优步简化了从 A 地到 B 地的旅行过程，将整个计划过程整合到一个易于使用的移动应用程序中。与传统的出租车行业相比，优步作出的彻底简化使客户的出行更加方便，并减少了做行程计划的时间和成本。

在过于复杂的组织中，很难作出创新，因为复杂性无法被克服。资源被浪费，因为过程中的行动变得冗余。经理们投入精力建立新流程，开展新行动，试图修复令人痛苦的业务，恶性循环开始破坏业务或组织。

复杂性是效率的敌人。解决方案是极简主义：为了保持过程高效，必须从根本上剔除不必要的步骤和行动。

1.6   日常生活中的复杂性，或谓七零八落

本书的目的是提高您编程工作的效率。进展可能会被您个人的日常习惯所打断。您必须解决每天都存在的分心问题，以及各种事务跟您争抢宝贵时间的问题。计算机科学教授卡尔·纽波特在他的优秀著作《深度工作：如何有效使用每一点脑力》（*Deep Work: Rules for Focused Success in a Distracted World*）中谈到了这一点。他认为，对需要深度思考的工作——如编程、研究、医学和写作——的需求**越来越大**，而由于通信设备和娱乐系统的普遍使用，这些工作的时间供应**越来越少**。经济学理论表明，不断增加的需求遇到不断减少的供给，价格会上升。如果您有能力从事深度工作，您的经济价值就会增加。对能够从事深度工作的程序员来说，现在是前所未有的好时机。

现在，我要警告您：如果您不粗暴地将其放到最高优先级，几乎不可能从事深度工作。外部世界不断打扰您：同事突然来到您的办公室，智能手机每隔 20 分钟就要求您注意它，收件箱每天弹出几十次新的电子邮件提醒——每一封都要

求您抽出时间处理。

深度工作的结果是延迟满足,例如,在一套计算机程序上花了几周的时间,发现它能工作,这令人满意。然而,在大多数时候,您所**渴望**的是即时满足。您的潜意识经常想办法逃避深度工作。看信息、闲聊、刷 Netflix 等小奖励会轻松产生内啡肽刺激。与快乐、多彩和生动的即时满足世界相比,延迟满足变得越来越没有吸引力。

您为保持注意力和生产力所做的努力很容易被切得七零八落。是的,您可以关掉智能手机,强制自己不看社交媒体和最喜欢的节目,但您能日复一日地持续这样做吗?同样,答案也在于将极致的极简主义应用于问题根源:**卸载**社交媒体应用程序,而不是试图管理花在上面的时间。**减少**您参与的项目和任务的数量,而不是试图通过更多的工作来做更多的事情。**深入**研究一种编程语言,而不是花费大量的时间在许多语言之间切换。

1.7　小结

现在,您应该已经被克服复杂性的需要彻底激励了。为了进一步探索复杂性以及如何克服它的问题,我建议阅读卡尔·纽波特的《深度工作:如何有效使用每一点脑力》一书。

复杂性损害生产力,降低注意力。如果您不及早控制复杂性,它将迅速消耗您最宝贵的资源:时间。在生命的尽头,您不会根据回复了多少封电子邮件、玩了多少小时的电脑游戏,或者解了多少个数独谜题来判断自己是否度过了有意义的一生。通过学习如何处理复杂性,保持简单,您将能够对抗复杂性,得到强大的竞争优势。

在第 2 章中,您将了解到 80/20 原则的力量:专注于关键少数,忽略琐碎多数。

第 2 章

80/20 原则

在本章中，您将了解 80/20 原则对程序员的深远影响。80/20 原则有很多名字，其中之一是以其发现者维尔弗雷多·帕累托（Vilfredo Pareto）命名的帕累托原则。那么，这条原则是如何起作用的？您为什么要关注它？80/20 原则是指大部分效果（80%）出自少数起因（20%）。它为您指明了一条道路，将您的努力集中在几件重要的事情上，忽略许多不重要的事情，获得作为专业程序员的更多成果。

2.1 80/20 原则的基础概念

该原则认为，大部分效果出自少数起因。例如，少数人得到大部分收入，少数研究者做出大多数创新成果，少数作者写出大部分图书，等等。

您可能听说过 80/20 原则——它在个人生产力文献中随处可见。它受欢迎的原因有两个方面。第一个方面，只要您能找出重要的事情，即导致 80% 结果的那20% 活动，并坚持不懈地专注于这些活动，80/20 原则就能让您同时保持轻松和高效。第二个方面，我们可以在很多情况下观察到这个原则，所以它具有相当大的可信度，甚至很难想出效果与起因数量等同的例子。不妨试着找一些 50/50 分布的例子，其中 50% 的效果出自 50% 的起因。当然，具体分布并不总是 80/20，具体数字可以变为 70/30、90/10，甚至 95/5，但总是严重偏向产生大部分效果的少数起因。

我们使用帕累托分布图来呈现帕累托原则，如图 2-1 所示。

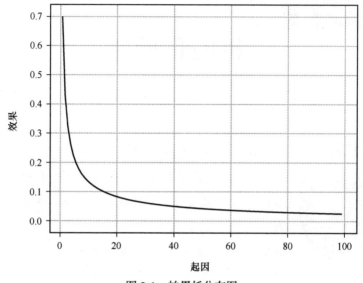

图 2-1　帕累托分布图

图 2-1 中，帕累托分布以效果（纵轴）与起因（横轴）表示。效果可以是工作成功或失败的任何度量单位，如收入、生产力或软件项目中的缺陷数量。起因可以是与这些结果相关的任何实体，如雇员、企业或软件项目。为了得到特征明显的帕累托曲线，我们根据它们产生的效果对起因进行排序。例如，收入最高的人在横轴上排第一位，然后是收入第二高的人，以此类推。

来看看实际例子。

2.2　应用软件优化

图 2-2 显示了帕累托原则在一个虚构软件项目中的体现：少部分代码函数占用了大部分运行时间。横轴显示的是按运行时间排序的代码函数。纵轴显示了这些代码函数的运行时间。阴影区域在整体面积中占主导地位，表明大多数代码函数对整体运行时间的占用远远小于几个特定的代码函数。帕累托原则早期发现者之一约瑟夫·朱兰（Joseph Juran）称后者为**关键少数**，前者为**琐碎**

多数。花费大量时间来优化琐碎多数，几乎不能改善整体运行时间。软件项目中帕累托分布的存在得到了科学证据的支持，如卢里达斯（Louridas）、斯宾奈里斯（Spinellis）和弗拉霍斯（Vlachos）的论文《软件中的权力法则》（"Power Laws in Software"）。

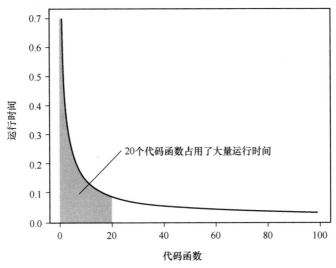

图 2-2 软件工程中的帕累托分布示例

　　IBM、微软和苹果（Apple）等大公司利用帕累托原则，将注意力集中在关键少数上来制造更快、更适用的计算机应用。也就是说，反复优化普通用户最常执行的那 20%的代码。代码并不平等，少部分代码对用户体验有支配性的影响，而大部分代码的影响却很小。您可能会每天多次双击资源管理器图标，但很少会去修改一个文件的访问权限。80/20 原则告诉您应该把优化工作的重点放在哪里。

　　这条原则易于理解，但要应用于生活中却比较难。

2.3　生产力

　　通过专注于关键少数而不是琐碎多数，您可以将生产力提高 10 倍，甚至

100 倍。不信吗？让我们计算一下这些数字是怎么来的。先假设一个基本的 80/20
分布。

我们将使用保守的 80/20 参数（80% 的成果来自 20% 的人）计算出每组的生
产率。在某些领域（如编程），分布比例可能更夸张。

图 2-3 显示，在一个有 10 名员工的公司中，2 名员工产出了 80% 的成果，而
其余 8 名员工只产出了 20% 的成果。用 80% 除以 2 名员工，得出公司中表现优异
的员工的平均产出为 40%。如果我们把另外那 20% 的成果除以 8 名员工，结果是
表现最差的员工平均仅有 2.5% 的产出。绩效整整差了 16 倍！

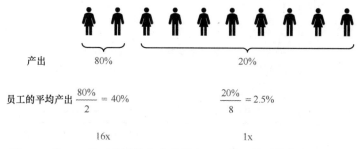

图 2-3   前 20% 员工的平均产出是其余 80% 员工的平均产出的 16 倍

16 倍平均绩效差异是存在于全世界数百万机构中的事实。帕累托分布具
备分形特征，这意味着在拥有数千名员工的大型组织中，其业绩差异甚至更为
明显。

结果差异不能仅仅用智力来解释——一个人不可能比另一个人的智力高
1,000 倍。结果差异来自于个人或组织的具体行为，做同样的事情可以得到同样
的结果。然而，在改变行为之前，必须清楚想达到什么结果，因为研究表明，在
您能想象到的几乎任何指标上，结果都极端不平等。

收入：在美国，10% 的人获取了将近 50% 的收入。

幸福感：北美洲低于 25% 的人认为自己的幸福感得分为 9 分或 10 分（总分
为 10 分，最差为 0 分，最好为 10 分）。

月度活跃用户：10 个最大公众网站中的 2 个获得 48% 的累计流量，如表 2-1
所示。

表 2-1 美国十大网站的累计流量

序号	网站名	月流量	累计流量占比
1	Wikipedia	1,134,008,294	26%
2	YouTube	935,537,251	48%
3	Amazon	585,497,848	62%
4	Facebook	467,339,001	72%
5	Twitter	285,460,434	79%
6	fandom	228,808,284	84%
7	Pinterest	203,270,264	89%
8	IMDb	168,810,268	93%
9	Reddit	166,277,100	97%
10	yelp	139,979,616	100%
总计		4,314,988,360	

图书销售：20%的作者占据 97%的图书销量。

科学产出：5.2%的科学家发表了 38%的文章。

本章末尾的资料部分列出一些文章来支持这一数据。结果不平等是社会科学公认的现象，它通常用**基尼系数**①来衡量。

那么，如何才能成为表现最好的人？或者，更笼统地说，如何才能在您的组织中向帕累托分布曲线的**左边**移动（见图 2-4）？

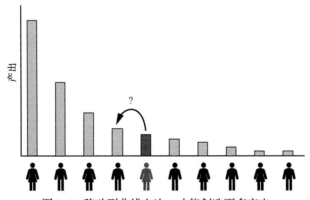

图 2-4 移动到曲线左边，才能创造更多产出

---

① 原文如此。实际上，基尼系数是个经济学指标，一般用来衡量财富或收入差距。——译者注

2.4　成功指标

假设您想增加收入，怎样才能在帕累托曲线上向左移动？我们先抛开精确的科学研究，因为您需要找到其他人在您所在行业中成功的原因，并制定您能控制和实施的可操作成功的指标。我们将**成功指标**这一术语定义为对导致在您的领域获得更多成功的行为的度量标准。棘手的是，最关键的成功指标在大多数领域都不同。80/20 原则也适用于成功指标：少数成功指标对您在某个领域的表现有很大影响，而其他的大部分指标则无关紧要。

例如，在读博士时，我很快意识到，成功的关键在于研究成果被其他研究人员引用。作为研究人员，被引用次数越多，自身的可信度、知名度和机会就越多。然而，**增加被引用次数**很难成为可以每天优化的可操作成功的指标。被引用次数是个**滞后指标**，因为它是您在过去采取的行动的结果。滞后指标的问题是，它们只记录过去行动的后果，它们不会告诉您每天要采取什么样的正确行动来获得成功。

为了获得采取正确行动的衡量标准，我们引入先导指标的概念。**先导指标**是在滞后指标发生之前就可以预测其变化的度量标准。如果您达成更多先导指标，滞后指标可能会因此而得到改善。那么，作为一名研究人员，您应通过发表更多高质量的研究论文（先导指标）来获得更多的被引用次数（滞后指标）。这意味着撰写高质量论文是大多数科学家最重要的活动，而不是准备演讲、组织活动、教学或喝咖啡等次要活动。因此，研究人员的成功指标是高质量论文的数量，如图 2-5 所示。

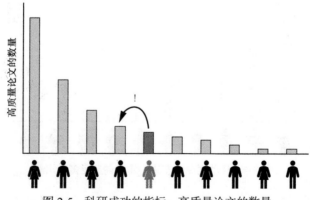

图 2-5　科研成功的指标：高质量论文的数量

要想在研究领域向左推进，您必须笔耕不辍，更快发表下一篇高质量的论文，更快地获得更多引用，扩大您的科学足印范围，成为更成功的科学家。粗略地说，许多不同的成功指标可以作为"在科学领域取得成功"的代表。例如，当把它们按从滞后到先导的尺度排序时，您可能会得到**被引用次数、高质量论文数量、您一生中撰写的论文总字数以及今天撰写的论文字数**。

80/20 方法使您能够确定必须关注的活动，达成更多的成功指标，尤其是可操作的先导指标，从而获得更多专业成就，这才是最重要的。少花点时间在其他不那么重要的任务上，拒绝"千刀万剐的死法"。对所有的活动都要偷懒，除了一项：**每天写更多论文字数**。

假设您每天工作 8 小时。不妨把您的一天分成 8 个 1 小时的活动。在完成成功指标练习后，您意识到，不追求凡事必做的话，每天可以跳过两个 1 小时的活动，并在一半的时间内完成其他 4 个活动。每天节省 4 小时，但仍能获得 80% 的成果。现在您可以每天投入 2 小时，为高质量的论文添砖加瓦。几个月内，您会多提交一篇论文。随着时间的推移，您会比每位同事都提交更多论文。您每天只工作 6 小时，大多数工作质量没那么完美，但可以在重要的地方大放异彩：您提交的科研论文比周围任何人都多。因此，您很快就会成为排名前 20% 的研究人员之一。少做事反而多获益。

您没变得"万事通，无一通"，而是在对自己最重要的领域成为专才。您把注意力集中在关键少数，忽略琐碎多数。生活压力更小，但从投入的劳动、努力、时间和金钱中享受到更多成果。

2.5　专注与帕累托分布

我还想谈谈"专注"这个相关话题。本书中多次提到专注，如第 9 章就详细讨论了专注的威力，用 80/20 原则便可解释**为什么**专注的威力如此巨大。开聊！

看看图 2-6 中的帕累托分布，它显示了向分布顶端移动的改进百分比。爱丽丝是组织中生产力第五高的人。如果她超越了前面的一个人，成为生产力第四高，她的产出（工资）就会增加 10%。再往前上一步，她的产出又**增加了 20%**。在帕累托分布中，每个等级的增长都是指数级的，所以即使是生产力的小幅增长也会导致收入的大幅增长。提高生产力会引致收入、幸福和工作乐趣的超线性改善。有人把这种现象称为"赢家通吃"。

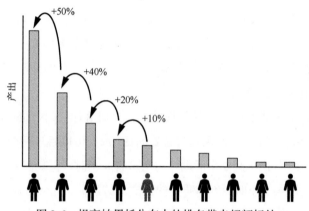

图 2-6　提高帕累托分布中的排名带来超额好处

　　这就是分散注意力没有好处的原因：**如果您不专注，就会参与许多帕累托分布**。请看图 2-7：爱丽丝和鲍勃每天可以各投入 3 个单位的学习精力。爱丽丝专注于一件事：编程。她把 3 个单位的精力花在学习代码上。鲍勃的注意力分散到多个学科：1 个单位的精力用来打磨国际象棋技能，1 个单位的精力用来提高编程技能，还有 1 个单位的精力用来提高政治能力。他在这三个领域的技能和产出都达到了平均水平。但帕累托分布的特点是给予表现最好的人更多奖励，所以爱丽丝获得了更多的总产出奖励。

　　在每个领域都存在不对等回报现象。例如，鲍勃可能会花时间阅读 3 本互不相关的书（如《Python 入门》《C++入门》和《Java 入门》），而爱丽丝则阅读 3 本深入研究 Python 机器学习的书（如《Python 入门》《Python 机器学习入门》和《机器学习专家读本》）。结果，爱丽丝将专注于成为机器学习专家，并可以为她的专业技能要求更高的薪水。

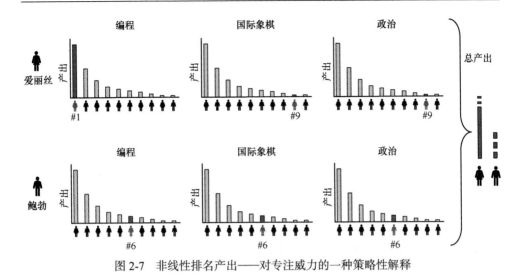

图 2-7　非线性排名产出——对专注威力的一种策略性解释

2.6　对程序员的意义

在编程领域，帕累托分布的结果往往比其他大多数领域更严重地偏重于顶部。分布情况与其说是 80/20，不如说是 90/10 或 95/5。比尔·盖茨说："**车床操作顶尖高手的工资是普通车床操作员的几倍，但顶尖软件开发者的价值是普通软件开发者的 1 万倍。**"盖茨认为，顶尖软件开发者和普通软件开发者之间的差别不是 16 倍，而是 1 万倍！以下是软件世界容易出现这种极端帕累托分布的几个原因。

- 顶尖程序员能解决普通程序员无能为力的一些难题。在有些情形下，他们甚至因此获得无数倍于普通程序员的生产力。
- 顶尖程序员写代码的速度可达普通程序员的 10,000 倍。
- 顶尖程序员的代码缺陷较少。想想看，一个安全缺陷会给微软的商誉和品牌带来什么影响！而且，每个缺陷后续都得花费时间、精力和金钱来进行代码库修改和功能添加——缺陷害在当下，患及未来。
- 顶尖程序员的代码易于扩展。在后续软件开发过程中，当数以千计的程序员在这套代码基础上开展工作时，他们的生产力将得以提升。
- 顶尖程序员会跳出框框，找到创造性的解决方案，规避昂贵的开发工作，帮助团队专注于最重要的事情。

在实践中，这些因素组合作用，所以差异可能会更大。

所以，对您来说，关键问题可能是：如何成为顶尖程序员？

2.6.1　程序员的成功指标

不幸的是，"成为顶尖程序员"这句话并不是可以直接优化的成功指标。问题有多个维度。顶尖程序员能快速理解代码，了解算法和数据结构，通晓不同技术及其优缺点，能与其他人合作，善于沟通，有创造力，能持续学习，了解组织软件开发过程的方法，掌握数百种软技能和硬技能。但是，您不可能事事精通。不专注于关键少数，就会被琐碎多数淹没。要成为顶尖程序员，必须专注于关键少数。

要务之一是专注于写更多代码。代码写得越多，就会写得越好。这是多维问题的简化版本：优化代表性指标（写更多代码），就能在目的指标（成为软件代码顶尖高手）上有所进展，如图 2-8 所示。

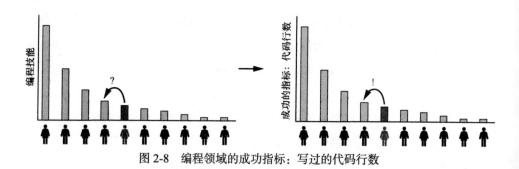

图 2-8　编程领域的成功指标：写过的代码行数

代码写得越多，您就越理解代码，言行举止也越有专家模样。您会结识水平更高的程序员，接受更具挑战的编程任务，于是就会写更加多的代码，变得更优秀。您写的每一行代码都会带来越来越多的回报。您和您所在的公司可以外包大量无足轻重的工作。

这就是您每天都可以照做的 80/20 活动：持续记录写了多少行代码，并且优化这一指标。就当它是个达成每日代码平均量的游戏好了。

2.6.2　真实世界中的帕累托分布

让我们快速看看真实世界中帕累托分布的案例。

GitHub 代码库中的 TensorFlow 贡献情况

在 GitHub 上可以看到帕累托分布的极端例子。不妨看看颇受欢迎的 Python 机器学习代码库 TensorFlow。图 2-9 显示了该代码库中前七位贡献者，表 2-2 是具体数据。

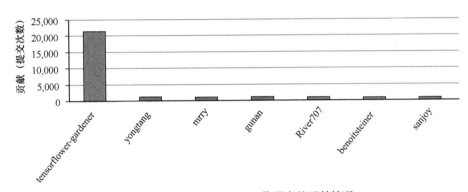

图 2-9　GitHub TensorFlow 代码库的贡献情况

表 2-2　TensorFlow 代码提交数量和对应的贡献者

贡献者	提交次数
tensorflower-gardener	21,426
yongtang	1,251
mrry	1,120
gunan	1,091
River707	868
benoitsteiner	838
sanjoy	795

在总共 93,000 次提交中，用户 tensorflower-gardener 贡献了其中的 20%。考虑到 TensorFlow 有数千位贡献者，该用户的贡献占比远超 80/20 分布的一般情况。这是因为 tensorflower-gardener 实际上是谷歌公司的一个开发组，它们创建并维

护这个代码库。然而，即便将这个开发组排除在外，其余几位贡献最高个人仍然创造了令人印象深刻的纪录，可谓名副其实的成功程序员。您可以在 GitHub 网站上查看他们的信息。他们中的相当一部分在极有吸引力的公司找到了颇令人兴奋的工作。这种成功是发生在向开源代码库作出大量贡献之前还是之后呢？讨论这个话题没有实际意义。出于任何实际目的，您都该开始训练自己的成功习惯：从现在起，每天写更多行代码。没什么能妨碍您成为 TensorFlow 排名第二的贡献者——只要在未来的两到三年内，每天向 TensorFlow 代码库提交两到三次有价值的代码就行。只需在短短几年之内持之以恒地养成一种威力无穷的习惯，您就能跻身于全世界最成功的程序员之列。

程序员资产净值

毋庸置疑，程序员资产净值也符合帕累托分布。隐私保护起见，很难获取个体程序员的资产净值，不过 NetWorthShare 网站展示了各种专业用户自行提交的资产净值信息，其中也包括了程序员提交的信息。虽然数据有点乱，但展示了真实世界中帕累托分布的特异性偏斜（见图 2-10）。

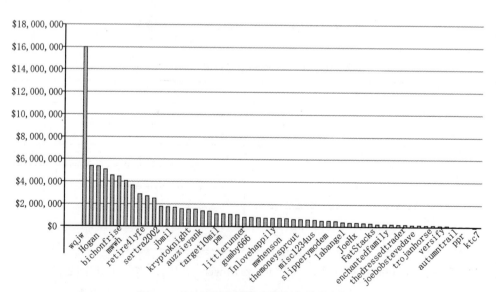

图 2-10   29 位程序员提交的资产净值数据

在 29 个数据样本中，只有区区几个软件界的百万富翁！真实世界中的曲线甚至会更加扭曲，因为还有许多身价以十亿美元计的程序员——立即能想到的就有马克·扎克伯格（Mark Zuckerberg）、比尔·盖茨、埃隆·马斯克（Elon Musk），以及史蒂夫·沃兹尼亚克（Steve Wozniak）[①]。这些技术天才亲手写下代码，创造了对外服务的原型。最近，我们还看到区块链领域涌现出更多的软件大富豪。

自由开发任务

自由开发领域被两家网站瓜分：Upwork 和 Fiverr。自由开发者可以在这两家网站上提供服务，客户也可以通过这两家网站雇佣自由开发者。两家网站都取得了每年用户和营收均达两位数增长的佳绩，而且也都致力于去颠覆禁锢了全世界人才的组织形式。

自由开发者的平均时薪为 51 美元。不过这只是平均值——位列前十的自由开发者收入远超这个数。在各个开放市场上，自由开发者的收入情况符合帕累托分布。

我做过自由开发者，也雇佣了上百位自由开发者，还提供 Python 自由开发培训服务。基于这些经验，我观察到这种扭曲的收入分布。大多数学员干了个把月就退出了，所以他们的收入甚至达不到平均水准。那些连续几个月每天从事自由开发工作的人，通常能够拿到每小时 51 美元的平均收入。只有少部分意愿强烈、全力投入的学员能够达到每小时 100 美元或更高的收入水平。

为何有些学员失败，而另一些学员却成长起来了呢？来看看 Fiverr 上自由开发者成功完成的任务（总分为 5 分，至少得 4 分）。图 2-11 聚焦于热门的机器学习领域。我从 Fiverr 网站上收集数据，跟踪"机器学习任务"类目两个排名最高搜索结果中 71 位自由开发者成功完成的任务数，结果也符合帕累托分布，这毫不出奇。

我教过数千名自由开发者学员。大多数学员都只完成了 10 项以下的开发任

---

① 苹果公司创始人之一。——译者注

务。这种情况吸引我做进一步探究。我很确定，很多学员后来都宣称"自由开发没搞头"。对我来说，这种说法等同于"工作没搞头"或者"生意没搞头"。这些自由开发者学员的失败完全可以归咎于他们没有持久努力。开始他们以为自由开发领域遍地是黄金，当他们意识到必须持续工作才能加入自由开发者赢家行列时，就举手投降了。

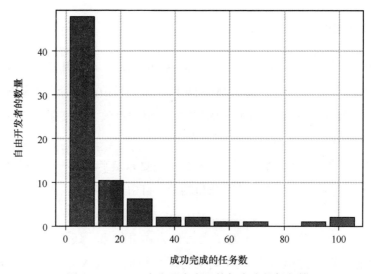

图 2-11 Fiverr 自由开发者和他们完成的任务数

很多人不能坚持做自由开发工作，这实际上为您提供了向帕累托分布顶部移动的机会。有一个简单的成功指标能确保让您最终成为那 1%～3% 的顶尖自由开发者，那就是：**完成更多的任务**。熬下去，每个人都能做得到。既然您已经开始读这本书，说明您满心希望成为最顶尖那 1%～3% 的自由开发专业人士。多数人败于不够专注，即便他们手艺娴熟、充满智慧、人脉丰富，也无法与专注、投入、了解帕累托分布的程序员相匹敌。

2.7 帕累托分布具备分形特征

帕累托分布具备分形特征。放大来看，观察整个分布中的一部分，会发现那正是另一个帕累托分布！只要数据不太稀疏，这种情况都会存在。数据稀疏的话，分形特征就丧失了。例如，单个数据点不能支撑帕累托分布。在图 2-12 中可以看到这种属性。

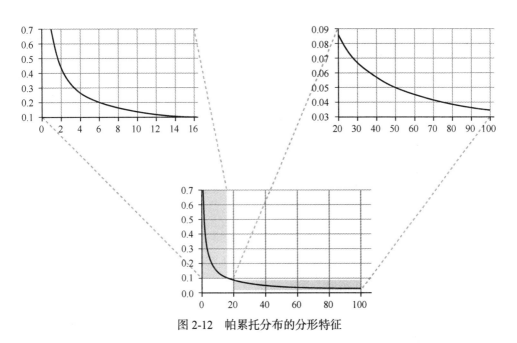

图 2-12　帕累托分布的分形特征

下面用代码清单 2-1 中的简单 Python 脚本去放大它。

代码清单 2-1　放大看帕累托分布的交互脚本

```
import numpy as np
import matplotlib.pyplot as plt

alpha = 0.7

x = np.arange(100)
y = alpha * x / x**(alpha+1)
plt.plot(x, y)

plt.grid()
plt.title('Pareto Distribution')
plt.show()
```

您可以试试这段代码，将它复制到 Python 环境中运行，就能够放大观察帕累托分布的各个区域。

帕累托分布在生活和编程工作中有多种不同的应用，本书会讨论其中的一些应用。然而，以我的经验而言，最能改变您的是拥有 **80/20 思维方式**。也就是说，不断尝试寻找少做事多获益的方法。注意，具体帕累托数值——如 80/20、70/30、90/10 也许会不同，但您可以从生产力和产出分布的分形特性中找到一些有价值的信息。例如，不仅是少数程序员挣得比其他程序员多得多，而是少数顶部人群比其他人群挣得更多。只有在数据样本太少时这种情况才会消失。下面是一些例子。

收入　20%程序员中的 20%挣了 80%中的 80%收入。换言之，4%的程序员挣了 64%的收入！这意味着即便您已经是顶部的 20%程序员，也不会停留在目前的收入水平。

活动　您这一周活动中最有效的 20%中最有效那 20%的 20%，贡献了成果中 80%的 80%的 80%。这样一来，0.8%的活动产生了 51%的成果。大略而言，如果您每周工作 40 小时，那么其中有 20 分钟贡献了这周一半的成果！例如，花 20 分钟写个业务自动化脚本，就会每几周为您省下好几个小时，可以用来做其他事。如果您是个程序员，跳过一些非必要特性，就能省下好多小时的非必要工作。开始应用 80/20 思维，您将很快在工作中发现许多这样的杠杆活动。

进步　无论您位于帕累托分布的哪个位置，利用成功习惯和专注的威力，就能"移向左边"，提升产出。只要还没达到最优，就总是有少做事多获益的进步空间——即便您已经是极成熟的个人、公司或经济体。

帮助您在帕累托曲线上提升的活动并非一直那么显而易见，但也不是不可捉摸。很多人放弃了在自己所在领域寻找成功指标，因为他们认为产出是一种随机概率的结果。多么错误的结论！每天少写代码不能帮您成为编程大师，就像每天少下棋不能帮您成为专业国际象棋选手一样。其他因素可能也会起作用，但并不会让成功变成赌运气游戏。专注于您所在领域的成功指标，就能操控对您有利的可能性。拥有 80/20 思维，如同摸到一手好牌——赢面大增。

2.8　80/20 原则实践技巧

我们用九种充分利用帕累托原则的小技巧来结束这一章。

2.8.1　找到成功指标

先确定工作领域。鉴别出该领域里十分成功、出色的专业人士，以及每天照做就能让您朝头部 20% 推进的任务。如果您是个程序员，成功指标也许是您编写的代码行数。如果您是个作家，成功指标也许是为下一本书写的文字数量。用表格来记录成功指标每日的达成情况，坚持不懈，超越自我。设定每日最低标准，在达到最低标准之前绝不结束当天的工作。更好的做法是，在达到最低标准之前，都不能算已经开始了当天的工作。

2.8.2　找到生命中的大目标

把目标写下来。不清晰定义大目标（如 10 年目标），就不能在足够长的时间内坚持做同一件事。您已经看到，沿帕累托分布曲线往上的关键战略就是在一件事上花更多时间，少做其他事。

2.8.3　寻找用较少资源成事的方法

如何在 20% 的时间内获得 80% 的成果？您能摈弃那些花费了 80% 的时间却只带来 20% 成果的活动吗？如果不能，能外包吗？可以通过 Fiverr 和 Upwork 找到低成本人才。利用他人的技能是划算之举。

2.8.4　反思自己的成功

您做了什么带来巨大成功的事？能否多做一些这种事？

2.8.5　反思自己的失败

怎么才能少做一些导致失败的事？

2.8.6　阅读更多所在领域的著作

读更多书，您就能模拟实践经验，而不必投入大量时间和精力实际做一遍。您以他人的错误为鉴，学会做事的新方法，获得所在领域的更多技能。受教育程度极高的专家级程序员解决问题的速度要比新手程序员快 10 倍～100 倍，阅读相关书籍可能是您所在领域的成功指标之一，它将推动您走向成功。

2.8.7　花费大量时间改进和调优既有产品

与其发明新产品，不如改进现有产品。同样，这也与帕累托分布有关。手头已经有产品，就能投入全部精力，将其沿帕累托曲线往上推，为您自己和公司带来指数级增长的成果。如果永远在创造新产品，不去改进和优化旧产品，您的产品就永远平平无奇。永勿忘记：巨大成果始终在帕累托分布的左侧部分。

2.8.8　微笑

微笑的影响令人惊讶。保持乐观，很多事就会变得容易。会有更多人和您合作，您会得到更多正能量、幸福感和来自他人的支持。微笑是一种小投入高产出的活动，其影响深远，代价轻微。

2.8.9　不做降低价值的事

抽烟、不健康饮食、熬夜、酗酒、看太多 Netflix 影片之类的行为在我们中间司空见惯。您最大的杠杆支点是避免做这些拖后腿的事。不做伤害自己的事，就会变得更健康、更快乐，也更成功。您会有更多的时间和金钱来享受美好生活：人际关系、大自然，还有各种积极的经历。

在下一章中，您将学到帮助您专注于软件中少数最重要特性的关键概念：打造最小可行产品。

2.9 资料

我们来看看本章中引用的资料——请多多查阅，找到帕累托原则的其他应用领域。

Panagiotis Louridas, Diomidis Spinellis, Vasileios Vlachos. Power Laws in Software. ACM Transactions on Software Engineering and Methodology, 2008, 18(1)。

关于帕累托分布在开源项目中体现的科学证据：Mathieu Goeminne, Tom Mens. Evidence for the Pareto Principle in Open Source Software Activity. Conference: CSMR 2011 Workshop on Software Quality and Maintainability (SQM), 2011, (1)。

GitHub 上 TesnsorFlow 库的提交量分布情况，可以在 GitHub 网站查阅。

我关于自由开放者收入的博客文章：What's the Hourly Rate of a Python Freelancer?可以在 Finxter 网站查阅。

关于开放市场满足帕累托原则的科学证据：William J Reed. The Pareto Law of Incomes—an Explanation and an Extension. Physica A: Statistical Mechanics and its Applications 319, 2003(3)。

展示了收入分布具有分形特征的论文：Fatimah Abdul Razak, Faridatulazna Ahmad Shahabuddin. Malaysian Household Income Distribution: A Fractal Point of View. Sains Malaysianna 47, 2018, (9)。

关于如何通过 Python 自由开发获得副业收入的信息：Christian Mayer, "How to Build Your High-Income Skill Python"，可以在视频网站上查看。

这本书深入讨论了 80/20 思维方式的威力：Richard Koch. The 80/20 Principle: The Secret to Achieving More with Less. London: Nicholas Brealey, 1997。

在美国，10%的人获取了将近 50%的收入：Facundo Alvaredo, Lucas Chancel,

Thomas Piketty, Emmanuel Saez, and Gabriel Zucman. World Inequality Report 2018. World Inequality Lab。

北美少于 25%的人认为自己的幸福感得分为 9 或 10（总分 10 分，最差 0 分，最好 10 分）：John Helliwell, Richard Layard, Jeffrey Sachs, eds., World Happiness Report 2016, Update (Vol. 1). New York: Sustainable Development Solutions Network。

20%的作者占据 97%的图书销量：Xindi Wang, Burcu Yucesoy, Onur Varol, Tina Eliassi-Rad, and AlbertLászló Barabási. Success in Books: Predicting Book Sales Before Publication. EPJ Data Sci. 8, 2019, (31); Jordi Prats. Harry Potter and Pareto's Fat Tail. Significance, 2011-08-10。

在科学领域，5.2%的科学家发表了 38%的文章：Javier Ruiz-Castillo, Rodrigo Costas. Individual and Field Citation Distributions in 29 Broad Scientific Fields. Journal of Informetrics 12, 2018, (3)。

第3章 | # 打造最小可行产品

埃里克·莱斯（Eric Ries）的《精益创业：新创企业的成长思维》（*The Lean Startup：How Today's Entrepreneurs Use Continuous Innovation to Create Radically Successful Businesses*）一书普及了"**最小可行产品**"（**minimum viable product, MVP**）的理念。本章将讨论这个仍被低估的理念。

最小可行产品只做最必要的特性，剥离其他所有特性，快速测试和验证假设，而不会浪费大量时间来实现用户最终可能不会使用的特性。您将学习如何通过专注于您知道用户想要的特性来从根本上降低软件开发周期中的复杂度，因为他们已经从 MVP 中确认了自己想要的特性。

在本章中，我们通过介绍没有采用 MVP 方法开发软件时会踩到的陷阱来讲解 MVP。在详细介绍 MVP 的各个方面后，给出一系列实用技巧，帮您在项目中利用 MVP 加速开发进程。

3.1 问题场景

当程序处于隐身编程模式（见图 3-1）时，会出现一些问题，而 MVP 就是为解决这些问题而产生的。所谓**隐身编程模式**，即在没有得到潜在用户反馈的情况下完成项目。它直至发布前一刻都保持神秘，希望能一鸣惊人，但多数时候这只是一种谬论。比方说，您想到一种能改变世界的绝妙程序：为搜索代码而生的机器学习搜索引擎。您为此连续几晚沉迷于编写代码。

然而，在实践中，一把就写出成功应用的情形非常、非常、非常、非常之少见。隐身模式编程往往会变成下文所述这样。

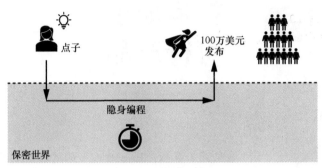

图 3-1　隐身编程模式

您快速开发出搜索引擎原型，但在试用时却发现推荐结果列表中的很多搜索词互不相干。搜 QuickSort，却得到了一段写有#This is not Quicksort 注释的 MergeSort 代码。看起来不太对。于是，您继续调优模型，可每次改进一个关键词的搜索结果，都会给其他搜索结果带来新问题。您对结果永远不满意，而且您并不认为自己能够把这套蹩脚的代码搜索引擎呈现给全世界，原因有三：没有谁会认为它有用；首批用户会造成负面口碑，因为您的网站既不专业又不精美；您担心竞争对手看到您实现得不怎么样的概念，顺手牵羊，转头做出更好的产品。这些令人沮丧的想法令您失去信心与动力，应用开发进度骤降为零。

图 3-2 描绘了隐身编程模式会造成的问题。

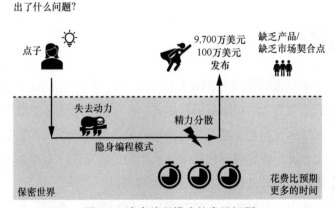

图 3-2　隐身编程模式的常见问题

这里我将讨论隐身编程模式最常见的六种问题。

3.1.1 失去动力

在隐身编程模式中，您独自思考，疑问时常跳出来。一开始，您置之不理，因为您在项目上投注的热情足够多。随着时间的推移，疑问越来越大。也许您会看到市面上已经有类似的产品，或者开始觉得自己做不出来。失去动力，项目也就无疾而终。

另外，如果您发布了早期版本，早期用户的赞誉能够鼓舞您继续坚持，来自用户的反馈也会激励您改进产品、修正问题。您将拥有来自外部的动力。

3.1.2 分心

独自在隐身编程模式下工作时，很难忽视生活中各种使人分心的因素。您有日常工作要做，您得花时间陪家人和朋友，千思万绪涌上心头。许多设备和服务吸引您宝贵的注意力。待在隐身模式越久，越有可能在完成那个精美应用之前就分心他顾了。

MVP 能减少从点子到市场的时间，创造让更多及时反馈涌现的环境，让您重新专注起来，从而对抗分心问题。也许您还会找到 MVP 的早期拥趸，推动应用开发——谁知道呢？

3.1.3 超时

规划失误是完成项目的另一大敌。比方说，您估计总共需要花 60 小时做出产品，于是计划每天工作 2 小时，持续一个月。然而，动力缺失和分心问题导致您每天只能工作 1 小时，还得处理其中的各种意外和缺陷。有无数因素会拉长项目预期时长，只有少数因素能缩短项目时长。到第一个月月末，您离当月设定的目标还很远，这加剧了动力丧失问题。

MVP 摒弃所有非必要特性，所以规划失误也会减少，进度更符合预期。特性越少，错误越少。而且，项目进度预估越准，您自己和投资您项目的人就越有成功的信心。投资人和股东都热爱可信的预期。

3.1.4　缺乏回应

假设您克服了动力缺失问题，完成了产品开发。您终于发布了产品，然而宛如泥牛入海，用户寥寥。任何软件产品都极有可能被沉默以对——既没有正面反馈，也没有负面反馈。常见原因是您的产品没能交付用户需要的特定价值。几乎不可能第一把就押中所谓的**产品–市场契合点**。如果在开发时没能获得来自真实世界的反馈，您就开始偏离现实，开发没人爱用的特性。

MVP 帮您更快地找到产品–市场契合点，这是因为，如您在本章后面部分将看到的，基于 MVP 的开发直击客户的紧迫需求，提高客户的参与概率，从而获得他们对早期产品版本的反馈。

3.1.5　错误假设

隐身编程模式失败的主要原因在于您自己的错误假设。项目开始时，您已经有了一大堆假设，诸如用户是谁、以何为生、有何麻烦，以及如何使用您的产品。这些假设往往全错。没有外部测试的话，您就会一直盲目开发真实受众并不想要的产品。一旦得不到反馈，或是只得到负面反馈，就失去了开发的动力。

当初开发通过求解分级代码谜题来学习 Python 的 Finxter 网站时，我设想大多数用户会是计算机专业的学生，因为我就有这样的经历（现实情况：多数用户没有计算机专业背景）。我设想，一发布就会有很多用户来访（现实情况：开始时根本无人访问）。我设想，会有很多用户通过社交媒体分享他们在 Finxter 获得的成功（现实情况：只有极少数用户分享自己的编码等级）。我设想，用户们会提交自己的代码谜题（现实情况：数以十万计的用户中，提交者屈指可数）。我设想，用户会想要色块鲜艳、图片丰富的花哨设计（现实情况：简单的极客风设计改善了使用情况——见第 8 章关于简单设计的内容）。这些设想都对应着具体的实现决策，花了我数十乃至数百小时去做受众并不想要的特性。早知如此，我就会用 MVP 检测这些设想，响应用户反馈，节省时间和精力，降低妨害应用成功的可能性。

3.1.6 不必要的复杂性

隐身编程模式还有一个问题：**不必要的复杂性**。比方说，您做了个包括四个特性的软件产品（见图 3-3）。运气不错——市场接受这个产品。您花了大量时间实现这四个功能，而且每个特性也都获得了积极的反馈。软件产品未来每个版本都将包括这四个特性——除了以后将增加的特性之外。

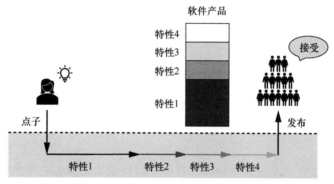

图 3-3　包括了四个特性的软件产品

然而，不发布只有一两个特性的产品，而是同时发布包括四个特性的产品，您就不会知道市场是否全盘接受，或者甚至会不会接受其中的一部分（见图 3-4）。

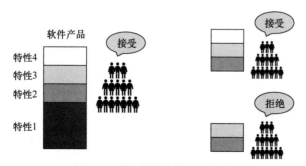

图 3-4　哪些特性会被市场接受

特性 1 可能毫无意义，但您仍然耗费大量时间来实现它。同时，特性 4 或许是市场需要的高价值特性。对于 n 个特性，有 2^n 种排列组合。发布这些特性组合时，您怎么能知道哪个特性有价值、哪个特性纯属浪费时间呢？

实现错误特性的代价已经够高了，发布错误特性的组合还将令维护非必要特性的成本居高不下。

- 持续时间久、特性密集的项目，在"装载"进您的大脑时会耗费比较多的时间。
- 每个特性都有引入新缺陷的风险。
- 每一行代码都增加了打开、装载和编译项目的成本。
- 为了实现特性 n，您得检查之前的特性 1、2……，确保特性 n 不会影响这些特性的功能。
- 在发布下一版本代码之前，每个新特性都需要有能够编译运行的新单元测试。
- 每个新增特性都让代码更加复杂和不易理解，增加新加入程序员的学习时间。

以上未能尽列，不过已举其要。若每个特性增加了百分之×的实现成本，则维护非必要功能会引起编码生产力的巨大增加。您承担不了在代码项目中保留非必要特性的系统性成本！

所以，您会问：如果隐身编程模式不可能成功，那么解决方案何在？

3.2　构建最小可行产品

解决方案很简单：构建一系列 MVP。定一个明确的假设——例如**"用户喜欢解 Python 谜题"**——创造只用于验证该假设的产品，移除其他不能帮您验证该假设的特性，构建针对该功能的 MVP。每次发布只实现一个特性，您就能更透彻地了解市场接受什么特性，哪些假设符合真实情况。想尽办法降低复杂度。毕竟，如果用户压根不爱解 Python 谜题，实现 Finxter 网站的意义何在呢？在真实市场中测试过 MVP，且分析出其成功的原因后，就可以构建第二个 MVP，添加另一些重要特性。通过一系列 MVP 来寻求正确产品形态的策略叫作**快速原型**。每个原型都基于从上一次发布中了解到的东西来构建，而且也在最短的时间内以最小的代价带来最多的反思。您**尽早和经常性发布**，就可以尽早找到**市场-产品契合点**，确定产品需求和目标市场愿望（即便目标市场一开始时还很小）。

我们来看看代码搜索引擎的例子。您先设定一个待检验的假设：程序员需要搜索代码。想想看，对于您的代码搜索引擎应用，MVP 应该包括什么元素。是基于 shell 的 API 吗？是执行对所有开源 GitHub 项目做数据库检索，满足关键词完整匹配的后端服务器吗？首个 MVP 应当验证主要假设。所以，您决定，验证该假设且了解用户查询内容的最简单方式是打造一套用户界面，先不涉及自动获得查询结果的复杂后端功能。您构造了一个网站，页面上有输入框。您在编程社区和社交媒体上发布消息，花点小钱买推广，引来一些流量。应用界面很简单：用户输入想搜索的代码，点击搜索按钮。暂时不用太费心优化搜索结果，这不是首个 MVP 的重点。您决定对谷歌搜索结果快速处理后直接输出给用户，关键在于收集前一百个左右的搜索关键词，再着手开发搜索引擎之前找到的一些常见的用户行为模式！

您分析了数据，发现九成搜索都与错误消息有关。程序员们在搜索框中粘贴从别处复制来的错误消息。而且，您发现 90 个查询中有 60 个都是关于 JavaScript 的。结论是最初的假设得到了验证：程序员们确实会搜代码。不过，您也了解到另一个有用的信息，那就是多数程序员会搜错误消息，而不是搜函数。基于这些分析，您决定将第二个 MVP 的功能从普适代码搜索引擎缩窄为**错误**搜索引擎。这样，您就能剪裁产品，迎合真实用户的需求，从一部分程序员身上获得更多反馈，快速学习，并将学习成果整合进有用的产品。随着产品获得更多关注，对市场更了解，您也能随时扩展产品，支持其他语言和搜索类型。没有第一个 MVP 帮忙，您可能会花费几个月做一些几乎没人使用的特性，如用于查找代码中任意模式的正则表达式之类的功能，付出了没去做错误消息搜索等人人都会用的特性的代价。

图 3-5 大致描绘了软件开发和产品打造的黄金标准。首先，您不断发布 MVP，直至用户爱上您的产品，从而找到产品-市场契合点。随着时间的推移，连续发布 MVP 会引起人们的兴趣，让您能够将用户反馈融入对软件核心概念的逐步改进中去。到达产品-市场契合点时，添加新特性——每次只添加一个新特性。只

有被证明改进了关键用户指标的特性才会保留在产品中。

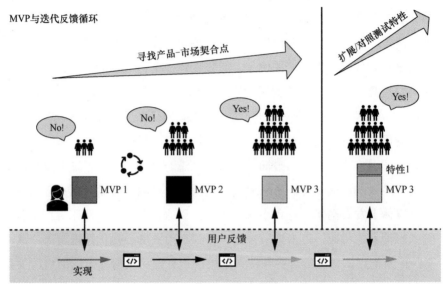

（1）通过迭代打造 MVP、引起用户兴趣来寻找产品-市场契合点。　　（2）精心设计对照测试，
添加和验证新特性，扩展功能。

图 3-5　软件开发的两个阶段

　　拿 Finxter 做例子吧。假如我遵循了 MVP 规则，大概会先注册一个 Instagram 账号，分享代码谜题，看看用户们是否喜欢解题。在验证想法之前，先不花一整年写 Finxter 应用，而是在社交媒体上花几个星期甚至几个月分享代码谜题。然后，我从社区互动中汲取营养，打造第二个 MVP，只增加少量功能，如呈现代码谜题及正确解答的专门网站。这种方法让我能够在很短的时间内构建 Finxter 应用，且只包含很少的非必要特性。构建剥离了所有非必要特性的 MVP，这是我头破血流换来的教训。

　　在《精益创业：新创企业的成长思维》一书中，埃里克·莱斯谈到价值十亿美元的 Dropbox 公司如何采用 MVP 方法。当时有个未被验证的点子：将文件夹结构同步到云端。他们没有贸然去实现这个复杂的 Dropbox 功能，因为这需要与不同操作系统紧密绑定，而且要全盘实现副本同步等繁杂的分布式系统概念。创始人用一条简单的视频来验证他们的点子是否会受欢迎。视频中宣传的产品当时实际上并不存在。在得到验证的 MVP 发布后，Dropbox 经历无数次迭代，给核心项目添加了许多有用的特性，令用户的生活变得更方便。从那时起，MVP 的概念被数千家成功的软件公司（以及其他行业的公司）所印证。

如果市场信号显示用户喜欢您的产品点子，而且给予较高的评价，您就已经用一个简单但精心打造的 MVP 到达了产品-市场契合点。由此开始，您可以迭代构造和打磨 MVP。

当您采用 MVP 式软件开发方法，每次只新增一个新特性，鉴别哪个特性应当保留、哪个特性应当剔除就变得很重要了。MVP 软件创造过程的最后一步是**对照测试（split testing）**[①]：不向全体用户投放新迭代版本，只投放给一小部分用户，观察他们的显性和隐性反应。若观察结果令您满意（如用户在网站停留的平均时间增加了），才会保留该特性。否则，您就回滚到没有该特性的上一迭代版本。这意味着您得牺牲掉为开发该特性而投入的时间与精力，但成果是能让您的产品尽可能简单，让您能够保持敏捷、灵活和高效。采用对照测试，您就是在做数据驱动的软件开发。

3.2.1　最小可行产品的四大要点

在构建基于 MVP 思维的第一个软件时，注意以下四大要点。

功能　产品为用户提供既明确又好用的功能。在提供功能时，不必太在意经济效率问题。聊天机器人的 MVP 有可能实际上只是您自己和用户对话而已。这当然不方便规模扩大，但您确实是在呈现高质量对话功能——即便您暂时还没想出来怎么才能以合适的成本提供这个功能。

设计　产品设计精良、功能聚焦，而且其设计能支撑产品为目标利基市场提供的价值。制作 MVP 时会犯的常见错误之一是，其界面未能精准反映您的单一功能 MVP 网站[②]。设计可以直截了当，但必须能支持产品价值。看看谷歌搜索——在发布搜索引擎的第一版时，谷歌当然没有多花力气做设计，但那套设计却能完

---

① Split testing 常被翻译为"分离测试"或"分隔测试"，但分隔（split）只是这种方式的手段，其本质是对比新版本与旧版本的受欢迎程度，所以此处译为"对照测试"。——译者注

② 原文如此。实际上 MVP 并不只适用于网站应用，也适用于多数其他应用（甚至硬件）。——译者注

美对应它提供的产品：无干扰搜索。

可靠　产品虽小，也不能不可靠。要确保编写了测试用例，严格测试代码中的每个函数，否则，因产品不可靠而引起的用户抱怨将会毁坏您从 MVP 获取的信息，而您本该得到关于特性的直接反馈。记住：您要花最小的代价获得最多的信息。

易用性　MVP 必须易于使用，功能清晰明了，设计支撑功能。用户不必花大量时间研究该做什么，或者应当点哪个按钮。MVP 积极响应用户行为，快到足以支持流畅交互。聚焦和极简的产品能够更方便地做到这一点：您应当采用只有一个输入框和一个按钮的页面，原因不言而喻。谷歌搜索引擎的最早原型就是典范，由于易用性极高，这套设计沿用了 20 多年。

很多人误解了 MVP 的特征，他们以为，作为产品的极致简化版本，MVP 应当提供较少的价值，易用性可以马马虎虎，设计也可以随随便便。然而，极简主义者明白，MVP 的简洁实际上源自对核心功能的严格聚焦，而非源自偷懒式的产品打造。对于 Dropbox 来说，用视频来有效展示意图远比实现服务本身容易得多。MVP 是高质量的产品，其功能强悍、设计优秀、可靠易用。

3.2.2　最小可行产品的好处

MVP 驱动的软件设计有诸多好处。

- 您能够尽量低成本地验证假设。
- 在确知有必要之前，您往往能避免真的写代码。而在写代码时，未从真实世界获取反馈之前，您的工作量也会保持最低。
- 您花在写代码和找缺陷上的时间会大幅减少——而且您也知道自己花时间为用户创造了高价值产品。
- 您交付给用户的每个新特性都能很快获得反馈。总能有持续进展，您和团队就有动力开发一个又一个新特性。相对于隐身编程模式，这种方式极大地降低了风险。
- 未来维护成本降低了，因为 MVP 方法能大幅降低代码的复杂度——开发新特性也变得更容易，更少犯错。

- 进度会加快。在整个软件生命周期内，实现都将变得更容易——您会一直动力十足，从而踏上成功之路。

- 您将更快地发布产品，更快地赚到钱，更稳定和符合预期地打造品牌。

3.2.3 隐身编程模式与最小可行产品手段

反对快速原型、支持隐身模式的常见观点认为，隐身编程模式能保住您的点子。人们以为自己的点子足够独特，如果以 MVP 等不成熟的形态发布，就会被强有力的大公司偷去，更快地做出来。坦白说，这纯属谬论。点子不值钱，执行才是王道。没什么独特点子可言，您的点子大有可能早已被其他人想到过。隐身编程模式非但不能减少竞争，反而会导致其他人做同样的产品，因为和您一样，人家也以为别人想不到这个点子。得有人实现它，点子才会成功。如果您能快进时间，看到后面几年，就会发现，成功者必然快速果断地行动，尽早发布、频繁发布，从用户处收集反馈，踩在上一版本的肩膀上逐渐改进产品。保密只会限制成长的可能。

3.3 小结

设想成品，但先思考用户需求再写代码。打造精心设计、交互流畅、易于使用的 MVP，提供有价值的功能。除了那些对达成目标绝对有必要的特性，摈弃其他一切特性。专注于一事。然后，尽早和频繁地发布 MVP——持续验证和添加新特性，不断改进。少即是多，与其急于动手实现每个特性，不如花时间想清楚要实现什么特性。每个特性都将在未来给其他全部特性带来直接或非直接的实现成本影响。采用对照测试方法同时验证两个产品变体带来的反馈，抓紧摈弃那些不能改进留存率、页面逗留时间、特定行为等关键用户指标的特性。这给您的业务带来一种更全面的方法——承认软件开发不过是产品创造和价值交付过程中的一小步而已。

在第 4 章中，您将学习为什么要编写整洁和简单的代码，以及如何编写这种代码。不过请记住：不写非必要的代码是写出整洁和简单代码的最牢靠手段。

第4章　编写整洁和简单的代码

整洁代码易于阅读、理解和修改。它简洁明了，且不影响可读性。尽管编写整洁代码更近乎艺术而非科学，但软件工程界仍有一些共识，遵循这些共识能帮您写出**更整洁**的代码。在本章中，您将学习编写整洁代码的 17 条原则，从而有效改进生产力，对抗复杂性。

您也许会疑惑于**整洁代码与简单代码**的区别。这两个概念关联甚密，因为整洁代码往往简单，而简单代码往往整洁。但也有可能存在既复杂又整洁的代码。追求简单的话就要避免复杂。整洁代码往前走了一步，既保持整洁，也想办法对付躲不开的复杂性——例如，有效利用注释和各种标准。

4.1　为何要写整洁代码

在前一章，您学到复杂性是代码项目的头号大敌。您还学到，保持简洁能提升产出、动力和代码的可维护性。在本章中，我们继续讨论这个概念，告诉您怎么写出整洁代码。

整洁代码对于您的同伴和未来的您自己都更易于理解。人们更愿意给整洁代码添砖加瓦，协作的可能也由此提升了。因此，整洁代码能显著降低项目成本。正如罗伯特·C. 马丁（Robert C. Martin）在《代码整洁之道》（*Clean Code*）一书中指出的那样，程序员们为了写新代码，得花费大部分时间阅读旧代码。假使旧代码易于阅读，那么就将大大加快阅读进程。

　　事实上，读代码的时间与写代码的时间的比例远超 10 比 1。不断阅读旧代码成了写新代码的一部分工作。因此，使代码易于阅读，也就使其易于编写。

　　将这个比例付诸于数据的话，可以在图 4-1 中看到可视化结果。横轴表示项目中的既有代码行数。纵轴表示新增每一行代码所花费的时间。通常而言，项目代码越多，写一行新代码耗费的时间就越多。代码整洁也好、污糟也好，结果都一样。

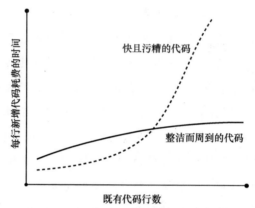

图 4-1　整洁代码改善了可扩展性和代码的可维护性

　　比方说，您已经写了 n 行代码，要添加第 n+1 行。新增的这行代码有可能影响到既有全部代码。例如，它有可能略微拖慢整体性能；它有可能用了在其他地方定义的变量；它有可能造成缺陷（概率为 c），为了找到这个缺陷，您得搜寻整个项目。这意味着，对于时间稳定增长函数 T，其输入 n 持续增加时，写完每行代码的预期时间（及其成本）为 $c \times T(n)$。

　　太长的代码会导致许多其他复杂性问题，但有一点是确定的：代码越多，由此增加的复杂性越会拖慢进度。

　　图 4-1 展示了污糟代码与整洁代码的区别。对于小项目，污糟代码不会耗费太多时间。短期工作中，污糟代码也同样不会耗费太多时间。没好处的话，谁也不会写污糟代码！如果能用 100 行代码做到所有功能，根本不必花很多时间思考和重组项目代码。添加更多代码时问题才开始出现：当项目体量从 100 行代码膨

胀到 1,000 行代码时，细心思考，符合逻辑地将代码安排到各个模块、类或文件中，这种周到的做法会更有效率。

经验之谈：应总是编写经过深思熟虑和整洁的代码。对于不是特别小的项目，反思、重构和结构重组会多花很多时间，而风险有时也相当大：1962 年，美国航空航天局（National Aeronautics and Space Administration，NASA）试图送一艘航天器到金星，但工程师们犯了个小错误——源代码中少了个连字符，导致系统发出自毁指令，损失了当时价值 1,800 万美元的火箭。如果代码更整洁些，工程师们也许就能在发射火箭之前发现错误了。

无论您是否从事火箭科学行业，小心写代码的哲学都会让您走得更远。简单代码还能推动您的代码吸引更多程序员，增加更多特性，因为不会有太多程序员被项目的复杂性吓跑。

下面我们来学习如何写出整洁和简单的代码，怎么样？

4.2　编写整洁代码的原则

读博士时，我从头开发了一套分布式图形处理系统，并艰难地学会了编写整洁代码。如果您写过分布式应用——在不同计算机上运行的两个进程通过消息彼此交互——您就会知道，这类应用的复杂性会很快变成一种重负。当我的代码增长到数千行时，缺陷开始频繁蹦出来。几个星期毫无进展，非常令人沮丧。理论丰满，现实骨感。

步履维艰、倾尽全力地干了几个月后，我终于下决心彻底简化代码。我开始用第三方库来替代自己编写的功能。我移除了注释掉的代码，本来我还想看以后能不能用上这些代码。我修改了变量和函数的命名。我将代码归置到多个逻辑单元中，创建新类。1 个星期之后，我的代码变得不仅对于其他研究人员容易阅读和理解，还变得更加高效，缺陷也少了。沮丧褪去，热情重来——整洁代码挽救了我的研究项目！

改进代码、减少复杂度就是所谓的"**重构**"。重构是软件开发的关键元素。如果您想写出整洁和简单的代码，就应当在软件开发过程中安排重构工作。编写整洁代码主要在于坚守两点：懂得从头构造代码的最佳途径，以及隔段时间就回头修改代码。下文 17 条原则包含了保持代码整洁的一些重要技术，每条原则涵盖编写整洁代码的一种独特策略。有些原则貌似重复，但我感觉合并有重复内容的原则会降低清晰度和可操作度。让我们从第一条原则开始吧！

4.2.1 原则 1：心怀全局

如果您在做不太小的项目，在整个应用中，会有许多文件、模块和库共同工作。**软件架构**定义了软件元素的互动方式。良好的架构决策能大幅改进性能、可维护性和易用性。要构造良好的架构，您得回头思考全局。首先要决定实现什么特性。在第 3 章关于打造 MVP 的部分，您学到了如何将项目聚焦于必要特性。做到这一点，就能省下许多工作，与每个设计有关的代码也会更整洁。现在，我们假设您已经创建了拥有多个模块、文件和类的第一个应用。如何才能应用全局思维，理清这团乱麻呢？思考以下问题，可以得到一些令代码更整洁的思路。

- 所有文件和模块都是必需的吗？能否做强其中一些,减少代码中的相互依赖关系？
- 可以将巨大、复杂的文件切分为两个简单文件吗？

注意，两个极端之间总有均衡点：一端是巨大、完整、全然不可阅读的代码块，另一端是大脑根本记不住的无数小代码块，两者皆不可取。两端之间有许多更佳选项。将其想象为一个倒 U 形曲线，其顶端代表了少量大代码块和许多小代码块之间的均衡点。

- 可以将代码通用化，改写成库，简化主应用吗？
- 可以采用既有库，从而移除多行代码吗？
- 可以利用缓存机制来避免重复计算同一个结果吗？
- 可以采用更直接和适用的算法来完成当前算法要做的事吗？
- 可以不做那些并不能改进综合性能的过早优化操作吗？
- 能否用另一种更合适的编程语言解决问题？

　　全局思维是大幅降低应用复杂度的省时方法。到了项目后期，有时很难作出这些改进，与他人的协作关系也可能导致不能随意为之。这种高层级思维难以在有百万行代码的项目中应用。然而，您确实不能忽略这些问题，因为所有小优化加起来也不能减少错误或懒惰设计带来的负面影响。如果您是自由职业或是在小创业公司工作，通常可以大胆快速地作出架构修改决定，比如换个算法。如果您为大机构工作，就没那么灵活了。应用越大，越有可能找到简单修复手段，成果唾手可得。

4.2.2　原则 2：站到巨人肩上

　　重新发明轮子毫无价值。编程行业已有数十年历史。世界上最好的程序员们给我们留下了宝库：数以百万计精心打磨、仔细测试过的算法和代码功能。只要加一行引用语句，数以百万计程序员的集体智慧就能为我所用。没理由不在您的项目中用上这种超能力。

　　使用代码库往往也能改进代码的运行效率。成百上千名程序员用过的函数多半比您自己写的更有可能被优化过。而且，相对于您自己写的代码，调用库函数的语句更易于理解，也会占用较少的项目空间。例如，假设您需要一种聚类算法来描绘客户群组。您可以**站到巨人肩上**，引用外部库中久经考验的聚类算法，将您的数据传进去。这要比您自己写代码省时多了——功能完备、缺陷较少、节约空间，性能也会更佳。编程高手会用各种基础工具来大幅提升生产力，代码库就是其中之一。

　　下面两行从 scikit-learn Python 库中导入 KMeans 模块的代码，可以作为节省时间的库代码示例。这两行代码的功用是在变量 X 中存储的给定数据集上查找两个集群中心。

```
from sklearn.cluster import KMeans
kmeans = KMeans(n_clusters=2, random_state=0).fit(X)
```

　　自己实现 KMeans 算法的话，您得花上好几个小时写下 50 行以上的代码。项目代码会变得杂乱，妨碍实现未来的新代码。

4.2.3　原则 3：为人写代码，而不是为机器写代码

您也许会认为，源代码的基本目标是定义机器应当做什么，以及如何做。其实不然。Python 之类编程语言的唯一目标是帮助人类编写代码。编译器担当重任，把您的高层级代码翻译为机器能理解的低层级代码。没错，您的代码最终是会由机器来运行，但代码仍然主要由人编写。而且，在当下的软件开发过程中，在被部署到机器上之前，代码多半得经过人类好几轮评判。您是在为人写代码，而不是为机器写代码。

永远假定会有别人读您的源代码。设想下，您去做新项目，另有人来接手您的代码库。有很多办法让他们轻易接手、免受困扰。首先，要使用有意义的变量名，好让读者能够方便了解每行代码是做什么的。代码清单 4-1 展示了糟糕的变量命名示例。

代码清单 4-1　变量命名糟糕的代码

```python
xxx = 10000
yyy = 0.1
zzz = 10

for iii in range(zzz):
    print(xxx * (1 + yyy)**iii)
```

很难猜出这段代码要计算什么。代码清单 4-2 与代码清单 4-1 的语义等同，但用了有意义的变量名。

代码清单 4-2　采用有意义变量名的代码

```python
investments = 10000
yearly_return = 0.1
years = 10

for year in range(years):
    print(investments * (1 + yearly_return)**year)
```

这段代码的功用便容易理解多了：变量名说明了要计算 10,000 美元初始投资的 10 年期（年利 10%）逐年复合回报。

在这里我们不详细探讨这条原则的所有用法（后文提及的其他原则将详细讨论部分实践手段），但它提示我们，缩进、空白、注释、代码行长度等元素也可清晰地表达代码的意图。整洁代码从根本上优化了人类的阅读体验。如软件工程国际专家、畅销书《重构：改善既有代码的设计》（*Refactoring: Improving the Design of Existing Code*）的作者马丁·福勒（Martin Fowler）所言：傻瓜都能写出计算机能懂的代码，只有好的程序员才能写出人类能懂的代码。

4.2.4　原则 4：正确命名

与此相关，对于函数、函数参数、对象、方法和变量，有经验的程序员常常或明或暗地保有一套命名惯例共识。秉承惯例，大家都有好处：代码变得更易读、易懂，且较少混乱。破坏惯例，读者多半会认为这些代码出自菜鸟程序员之手，不会认真看待。

在不同语言中，这套惯例各有差异。例如，Java 采用骆驼命名法[①]来命名变量，而 Python 则采用下画线命名法[②]来命名变量与函数。如果在 Python 中使用骆驼命名法，读者会感到迷惑。您不会希望代码读者因为您用了不符惯例的命名法而分心。您想让他们专注于代码功用，而非代码风格。如"**最小意外原则**"指出的那样，使用不符惯例的变量命名法，就会出乎其他程序员所料，这样做毫无价值。

好，我们来列一下您写代码时可以参考的命名规则。

选用描述性强的名称　比方说，您用 Python 写了个计算美元（USD）与欧元（EUR）兑换的函数。应该命名为 `usd_to_eur(amount)`，不要用 `f(x)`。

选用没有歧义的名称　您可能认为，`dollar_to_euro(amount)` 会是货币兑换函数的好名称。当然它是比 `f(x)` 好一些，但不如 `usd_to_eur(amount)`，因为它带来了不必要的歧义。这里的 `dollar` 是指美元、加拿大元，还是澳大利亚元呢？如果您生活在美国，答案显而易见。但澳大利亚程序员可能不知道代码是在美国编写，于是就产生了误解。尽量消除此类混淆！

使用可拼写的名称　多数程序员会下意识地默念读到的代码。如果变量名不

---

① 首字母小写，之后每个单词首字母大写，如 camelCaseNaming。——译者注

② 单词之间用下画线连接，如 underscore_naming。——译者注

可拼读，就得费心解读，占用宝贵的脑力。例如，变量名 `cstmr_lst` 有描述性，没有歧义，但不可拼读。变量名 `customer_list` 虽然多几个字母，但物有所值。

使用命名常量，不用魔术数　您可能会在代码中多处使用魔术数 0.9 作为美元/欧元的兑换率乘数。然而，代码读者——包括以后的您——就会琢磨这个数字是用来做什么的。它不能说明自身功用。更好的做法是，将魔术数 0.9 存储到全大写变量——全大写意味着这是个不会改变的常量——比如 `CONVERSION_RATE = 0.9`，在做兑换计算时，拿这个变量来做乘数。例如，可以这样以欧元计算您的收入：`income_euro = CONVERSION_RATE * income_usd`。

这里仅列出几条命名规则。除了上述小提示之外，学习命名惯例的最佳方法是研究专家级精良代码。在网上搜索相关惯例（如"Python 命名惯例"）会是个好开端。您也可以阅读编程教程，上 StackOverflow 网站向高手请教，签出 GitHub 开源项目代码，加入 Finxter 博客社群。社群中那些抱负满满的程序员愿意互相帮助，一起提高编程技能。

4.2.5　原则 5：一以贯之地遵循标准

每种编程语言都有一套关于编写整洁代码的明文或惯例规则。如果您是位活跃的程序员，迟早会掌握这些规则。您也可以花时间研究自己正学习的编程语言的代码规则，加快掌握过程。

例如，您可以阅读 Python 的官方风格指南 PEP 8。和其他风格指南一样，PEP 8 定义了正确的代码格式与缩进方式、断行方式、单行字符最大长度、注释的正确使用、函数文档格式，还有类、变量和函数的命名惯例。代码清单 4-3 是从 PEP 8 指南中摘取的例子，展示了不同风格和惯例的正确使用方法。每个缩进层级用 4 个空格表示，函数参数保持对齐，在参数列表中列出逗号分隔的值时使用单个空格，以及正确地命名函数与变量（用下画线连接多个单词）。

代码清单 4-3　Python PEP 8 标准中缩进、空格和命名规则的使用

```
# Aligned with the opening delimiter.
foo = long_function_name(var_one, var_two,
                         var_three, var_four)
```

```python
# Add 4 spaces (an extra level of indentation) to distinguish
# arguments from the rest.
def long_function_name(
        var_one, var_two, var_three,
        var_four):
    print(var_one)

# Hanging indents should add a level.
foo = long_function_name(
    var_one, var_two,
    var_three, var_four)
```

代码清单 4-4 展示了错误用法。参数没有对齐，变量和函数名中的多个单词没有妥善组合，参数列表没用单个空格分隔，缩进层级只用了两个或三个空格。

代码清单 4-4　错误的 Python 缩进、空格与命名

```python
# Arguments on first line forbidden when not using vertical alignment.
foo = longFunctionName(varone,varTwo,
    var3,varxfour)

# Further indentation required as indentation is not distinguishable.
def longfunctionname(
    var1,var2,var3,
    var4):
    print(var_one)
```

代码读者都希望您遵循被普遍接受的标准。不遵循标准就会导致迷惑与挫败感。

不过通读风格指南可能会枯燥乏味。另一种学习惯例与标准的办法会不太闷，那就是让代码检查工具和集成开发环境（integrated development environment，IDE）告诉您在哪儿犯了什么错误。有个周末，我和 Finxter 团队一起做编程马拉松活动。我们创建了 Pythonchecker 网站，帮助您将乱糟糟的 Python 代码重构为超级整洁代码。对于 Python 来说，在这方面最好的项目之一是 PyCharm 的 black 模块。所有主流编程语言都有类似的工具。去搜一下您所用的编程环境对应的最佳代码检查工具吧。

4.2.6　原则 6：使用注释

如上文提到的，既然是为人而不是为机器写代码，您就需要用注释帮助读者理解代码。看看代码清单 4-5 中没有注释的代码。

代码清单 4-5　没有注释的代码

```
import re

text = '''
    Ha! let me see her: out, alas! She's cold:
    Her blood is settled, and her joints are stiff;
    Life and these lips have long been separated:
    Death lies on her like an untimely frost
    Upon the sweetest flower of all the field.
'''
f_words = re.findall('\\bf\w+\\b', text)
print(f_words)


l_words = re.findall('\\bl\w+\\b', text)
print(l_words)


'''
OUTPUT:
['frost', 'flower', 'field']
['let', 'lips', 'long', 'lies', 'like']

'''
```

代码清单 4-5 使用正则表达式分析莎士比亚（Shakespeare）剧作《罗密欧与朱丽叶》（*Romeo and Juliet*）中的一小段文本。如果您不熟悉正则表达式，理解这段代码大概会比较费劲。就算用了有意义的变量命名也没太多帮助。

再来看看，加几句注释，能不能解开您的疑惑（代码清单 4-6）。

代码清单 4-6　有注释的代码

```
import re

text = '''
```

```
    Ha! let me see her: out, alas! She's cold:
    Her blood is settled, and her joints are stiff;
    Life and these lips have long been separated:
    Death lies on her like an untimely frost
    Upon the sweetest flower of all the field.
'''
```

❶
```
# Find all words starting with character 'f'.
f_words = re.findall('\\bf\w+\\b', text)
print(f_words)
```

❷
```
# Find all words starting with character 'l'.
l_words = re.findall('\\bl\w+\\b', text)
print(l_words)

'''
OUTPUT:
['frost', 'flower', 'field']
['let', 'lips', 'long', 'lies', 'like']
'''
```

两句短注释（❶和❷）说明了正则表达式'\\bf\w+\\b'和'\\bl\w+\\b'的意图。这里我不多谈正则表达式。这个例子展示了注释如何帮助您在不清楚语法糖的情况下也能大致理解其他人写的代码。

您还可以用注释来总结一段代码的功用。例如，有五行代码是用来更新数据库中的客户信息，在这段代码前写一句短注释来说明，见代码清单 4-7。

代码清单 4-7　给代码块添加概括性注释

❶
```
# Process next order
order = get_next_order()
user = order.get_user()
database.update_user(user)
database.update_product(order.get_order())
```

❷
```
# Ship order & confirm customer
logistics.ship(order, user.get_address())
user.send_confirmation()
```

这段代码的功能是在线商家通过两个高层级步骤完成客户订单：处理下一个订单❶和发货❷。注释帮助您无需深入每个方法调用就能快速了解代码的功能。

您还可以使用注释来警示程序员可能存在的后果。例如，代码清单 4-8 警告我们，调用 `ship_yacht()` 函数将真的给客户发一艘昂贵的游艇。

代码清单 4-8 警告性注释

```
###########################################################
# WARNING #
# EXECUTING THIS FUNCTION WILL SHIP A $1,569,420 YACHT!! #
###########################################################
def ship_yacht(customer):
    database.update(customer.get_address())
    logistics.ship_yacht(customer.get_address())
    logistics.send_confirmation(customer)
```

注释有很多用武之地，不仅只是为了遵循标准。写注释时，首要考虑"**为人类写代码**"原则，就会万事大吉。阅读老手程序员的代码，您就能不断有效和几乎自然而然地汲取那些没明说的规则。您才是自己代码的专家，有用的注释能让其他人瞥见您的代码思路。别错过和他人分享洞见的机会！

4.2.7 原则 7：避免非必要注释

并非所有注释都能帮助读者更好地理解代码。有些情况下，注释其实会混淆视听，迷惑代码读者。要编写整洁代码，您不但要写有价值的注释，还要避免写非必要的注释。

我还是个计算机科学研究人员时，有位技能熟练的学生成功入职谷歌公司。他告诉我，谷歌招聘人员批评了他的代码，因为他添加了太多非必要注释。专家级程序员只要看看代码中的注释，就知道您的编码水平。不遵循风格指引、不写或随便写注释、不按特定编程语言惯例写代码等问题，被称为"**坏味道**"，意思是代码中的隐患。专家级程序员在一英里开外就能闻到代码的坏味道。

怎么才能知道该删掉哪些注释呢？多数情况下，多余的注释全无必要。例如，您已经用了有意义的命名，代码本身足可说明其功用，就没必要写单行注释。来看看代码清单 4-9 中使用了有意义变量名的代码片段。

代码清单 4-9　使用了有意义变量名的代码片段

```
investments = 10000
yearly_return = 0.1
years = 10

for year in range(years):
    print(investments * (1 + yearly_return)**year)
```

很清楚，代码用于按 10% 的年回报率计算您的十年投资回报。出于方便讨论起见，我们来加一些非必要注释。

代码清单 4-10 中的所有注释都属多余。假如您用了不太有意义的变量名，其中一些注释没准还有点用，但专门写注释来说明名为 yearly_return 的变量只会徒添混乱，因为变量名本身已经说明它代表了年回报率。

代码清单 4-10　非必要注释

```
investments = 10000 # Your investments, change if needed
yearly_return = 0.1 # Annual return (e.g., 0.1 --> 10%)
years = 10 # Number of years to compound

# Go over each year
for year in range(years):
    # Print value of your investment in current year
    print(investments * (1 + yearly_return)**year)
```

通常而言，您应当用常识来判断注释是否有必要。这里且列出几条主要指引。

不要写代码行内注释　只要使用有意义的变量名称就可以避免写代码行内注释。

不要为显而易见的代码添加注释　在代码清单 4-10 中，为 for 循环语句写的注释毫无必要。程序员都知道 for 循环为 for year in range(years)，添加注释# Go over each year 没有价值。

不要注释掉旧代码，直接删除它　我们这些程序员常常太喜欢自己的代码，即便（不情愿地）决定要移除它，也只会随手注释掉了事。这样做会破坏您代码的可读性！总是删除不必要的代码——您可以使用 Git 之类版本历史工具保留项目中较早的代码版本，完全不必自己操心。

使用文档生成功能　Python 等多种编程语言内建有文档生成功能，可以让您

描述代码中每个函数、方法和类的功用。如果这些元素都只有一个权责（见原则
10），文档足以替代注释。

4.2.8　原则 8：最小意外原则

最小意外原则指出，系统中的组件应表现得就像用户预期的那样。在设计
高效应用和用户体验方案时，这是条黄金原则。例如，打开谷歌搜索引擎，光
标会自动置于搜索输入框，您可以直接输入搜索关键词，一切如您所愿：毫无
意外。

整洁代码同样看重这条设计原则。比方说，您写了一个从美元到人民币的兑
换软件。用户输入内容存在一个变量里，变量名用 user_input 好还是 var_x
好呢？最小意外原则回答了这个问题！

4.2.9　原则 9：别重复自己

别重复自己（Don't Repeat Yourself, DRY）是被广泛认可的原则。它主张避
免编写重复的代码。例如，代码清单 4-11 在屏幕上输出 5 个相同的字符串。

代码清单 4-11　输出 "hello world" 5 次

```
print('hello world')
print('hello world')
print('hello world')
print('hello world')
print('hello world')
```

代码清单 4-12 少了很多重复的内容。

代码清单 4-12　减少代码清单 4-11 中的重复内容

```
for i in range(5):
    print('hello world')
```

代码清单 4-12 输出 hello world 5 次，其功能和代码清单 4-11 一样，但没有
重复代码。

函数也是消除重复代码的有用工具。举例来说，您要多次把英里换算成公里，如代码清单 4-13 所示。

代码清单 4-13 英里到公里的两次换算

```
miles = 100
kilometers = miles * 1.60934

distance = 20 * 1.60934

print(kilometers)
print(distance)


'''
OUTPUT:
160.934
32.1868
'''
```

首先，您创建 miles 变量，然后将其乘以 1.609,36，得到公里数。然后，您用 20 乘以 1.609,34，得出 20 英里对应的公里数，将结果保存到变量中。

您做了两次同样的乘法操作，用 1.609,34 乘以英里数。根据 DRY 原则，更好的做法是编写 miles_to_km(miles)函数，如代码清单 4-14 所示，而不是在代码中多次执行同样的换算操作。

代码清单 4-14 使用函数做英里/公里换算

```
def miles_to_km(miles):
    return miles * 1.60934


miles = 100
kilometers = miles_to_km(miles)

distance = miles_to_km(20)

print(kilometers)
print(distance)
```

```
'''
OUTPUT:
160.934
32.1868
'''
```

这样一来，代码就更易于维护。例如，您只需修改一处代码。就能改进函数，提高换算精度。在代码清单 4-13 中，就只能逐一修改每处换算操作。应用 DRY 原则，也能让读者更易理解代码。函数 `miles_to_km(20)` 没什么疑问，但您可能得多想一会儿才知道 20 × 1.609,34 这个计算操作是做什么的。

对 DRY 原则的破坏常被称为 WET：**we enjoy typing, write everything twice, and waste every's time**（我们爱打字，啥都写两遍，浪费所有人的时间）。

4.2.10　原则 10：单一权责原则

单一权责原则意味着每个函数都应当承担一件主要工作。与其用一个大函数全包全揽，不如多用一些小函数。对功能的封装降低了整体代码的复杂度。

一般来说，每个类、每个函数都该只承担一种权责。这条原则的发明人罗伯特·C.马丁将"权责"定义为"**修改的理由**"。因此，在定义类和函数时，这条黄金原则就体现为约束它们的单一权责。这样，只有需要改变该权责的程序员方可要求修改其定义。如果代码本身没有错误，另有权责的其他程序员甚至不要想着要求修改。例如，负责从数据库中读取数据的函数不应该还负责处理数据。否则，该函数就有了两个修改的理由：对数据库模型的修改和对数据处理需求的修改。如果存在多个修改理由，就可能有多个程序员同时进行修改。这样的话，您的程序就因肩负了太多权责，而变得混乱不堪。

来看看下面这个 Python 小例子。它可能运行在电子书阅读器上，对图书数据建模，管理用户阅读体验（见代码清单 4-15）。

代码清单 4-15　对 Book 类建模时违反了单一权责原则

❶ `class Book:`

❷ 　`def __init__(self):`
　　　`self.title = "Python One-Liners"`

```
            self.publisher = "NoStarch"
            self.author = "Mayer"
            self.current_page = 0

        def get_title(self):
            return self.title

        def get_author(self):
            return self.author

        def get_publisher(self):
            return self.publisher

    ❸ def next_page(self):
            self.current_page += 1
            return self.current_page

    ❹ def print_page(self):
            print(f"... Page Content {self.current_page} ...")


❺ python_one_liners = Book()

   print(python_one_liners.get_publisher())
   # NoStarch

   python_one_liners.print_page()
   # ... Page Content 0 ...

   python_one_liners.next_page()
   python_one_liners.print_page()
   # ... Page Content 1 ...
```

代码清单 4-15 中的代码定义了 Book 类❶，该类有 4 个属性：书名（title）、作者（author）、出版社（publisher）和当前页（current_page）。您为这些属性定义取值器方法❷，还有翻到下一页的小功能❸。用户每次点击阅读设备上的按钮时，就会调用这个功能。函数 **print_page()** 负责向阅读设备输出当前页❹。这里只是大概表示一下，真实世界中代码会更复杂一些。最后，您创建名为 **python_one_liners** 的 Book 类实例❺，借由末尾的一系列方法调用和输出语

句访问其属性。例如，读者每次翻到新一页时，真的电子阅读器软件会调用
next_page()和 print_page()方法。

这些代码看起来既整洁又简单，但却没遵循单一权责原则：Book 类既负责
对图书内容之类元素做数据建模，又负责在设备屏幕上显示这些内容。建模与显
示输出是两种不同的功能，但被封装到一个类里面了。您有多种理由修改这个类。
您也许想改变图书数据的建模方式，例如，可以用数据库替代基于文件的输入/
输出方式。您可能也想要修改数据的呈现方式，例如，在其他款式屏幕上使用另
一种格式化模板。

我们在代码清单 4-16 中修正这个问题。

代码清单 4-16 遵循单一权责原则

❶ class Book:

❷   def __init__(self):
        self.title = "Python One-Liners"
        self.publisher = "NoStarch"
        self.author = "Mayer"
        self.current_page = 0

    def get_title(self):
        return self.title

    def get_author(self):
        return self.author

    def get_publisher(self):
        return self.publisher

    def get_page(self):
        return self.current_page

    def next_page(self):
        self.current_page += 1

❸ class Printer:

❹   def print_page(self, book):

```
        print(f"... Page Content {book.get_page()} ...")


python_one_liners = Book()
printer = Printer()

printer.print_page(python_one_liners)
# ... Page Content 0 ...

python_one_liners.next_page()
printer.print_page(python_one_liners)
# ... Page Content 1 ...
```

代码清单 4-16 完成了同样任务，但它遵循了单一权责原则。您创建 Book 类❶和 Printer 类❸；Book 类呈现图书元数据；当前在第 3 页；Printer 类负责往屏幕输出图书内容；您向 Printer.print_page() 方法传入想要显示当前页的图书❹。这样，数据建模（**数据是什么？**）和数据呈现（**数据如何呈现给用户？**）就解耦了，代码也变得更方便维护。比如，如果您想要修改图书数据模型，添加新属性 publishing_year，就在 Book 类中做这些修改。如果您想要也给阅读器提供这些信息，从而在数据层面反映这些改动，您在 Printer 类中做修改即可。

4.2.11　原则 11：测试

测试驱动开发是现代软件开发的组成部分。无论您有多娴熟，还是会在写代码时犯错。要捕获这些错误，您得隔一阵就运行测试，或者一开始就构建测试驱动的代码。每家伟大的软件公司在向公众交付产品之前，都会在多个层面执行测试，因为与其从被惹恼的用户那里得知错误，还不如在内部发现错误。

可用以改进软件应用的测试类型并无限制，但还是有几种常见类型。

单元测试　　使用单元测试时，您编写一个单独应用，检查应用中每个函数接受不同输入时的正确输入/输出关系。单元测试通常周期式执行——比如在发布软件新版本时。这降低了软件更改导致以前稳定的功能突然失败的可能性。

用户验收测试　　这种测试允许目标市场用户于受控环境中使用应用程序，同时您还可以观察用户的行为。然后，您询问他们喜欢该应用程序的什么方面，以及如何改进应用。验收测试通常在组织内经过广泛测试后，在项目开发的最后阶段进行。

冒烟测试　冒烟测试是一种粗略的测试，目的是尝试在构建软件的团队将应用程序提供给测试团队之前令应用程序失败。换句话说，在将代码交给测试团队之前，通常由应用程序构建团队执行冒烟测试，确保软件的质量。当应用通过冒烟测试时，它已准备好接受下一轮测试。

性能测试　性能测试旨在检测应用程序是否满足甚至超过其用户的性能要求，而不是测试其实际功能。例如，在 Netflix 发布新特性之前，一定会测试其网站的页面加载时间。如果前端性能被大幅拖慢，Netflix 就不会发布新特性，主动避免出现负面的用户体验。

承载规模扩展能力测试[①]　如果应用程序受到欢迎，则每分钟要处理的请求数可能从 2 个飞涨到 1,000 个。承载规模扩展能力测试将检测您的应用程序是否具有足够的承载规模扩展能力来处理这种情况。请注意，高性能应用程序不一定具备承载规模扩展能力，反之亦然。例如，一艘快艇性能很高，但却不能拉长到容纳数千位乘客！

测试和重构往往能降低代码复杂度，减少错误数量。然而，注意别用力过猛（见原则 14）——您只需测试真实世界中确实会出现的场景。例如，测试 Netflix 应用是否能承载 1,000 亿台流媒体设备毫无必要，因为全地球总共只有 70 亿潜在观众。

4.2.12　原则 12：小即是美

小块代码是只需相对较少的代码即可完成单个指定任务的代码。下面的小块代码示例的功能是从用户的输入中读取整数值，并且验证用户的输入是整数值。

```
def read_int(query):
    print(query)
```

[①] Scalability 常被译为"可扩展性"，实际上是指应对更大规模访问时的承载扩展能力，"可扩展"更像是说其功能，所以此处译为"承载规模扩展能力"。——译者注

```
print('Please type an integer next:')
try:
    x = int(input())
except:
    print('Try again - type an integer!')
    return read_int(query)
return x


print(read_int('Your age?'))
```

代码持续运行,直至用户输入整数。下面是运行起来的样子。

```
Your age?
Please type an integer next:
hello
Try again - type an integer!
Your age?
Please type an integer next:
twenty
Try again - type an integer!
Your age?
Please type an integer next:
20
20
```

将读取用户输入整数值的逻辑分离出来,就能多次重用同一个函数。不过,更重要的是,您已经把代码切分成更小的功能单元,相对易于阅读和理解。

许多新手程序员(或者懒惰的中级程序员)会写出体积巨大的单个函数,即所谓的"**上帝对象**"(**God object**),集中处理所有事务。这些大块代码会是后期维护的噩梦。对于人类来说,比较容易理解一小块代码,比较难往具有 10,000 行之多的代码块中整合特定新特性。在大代码块中可能犯的错误,要比在能集成到现有代码库中的多个小代码块里可能犯的错误多得多。

在本章开头处,图 4-1 说明,随着代码行数的增加,写代码变得越来越费时间,即便长期来看写整洁代码要比写污糟代码快很多也是如此。图 4-2 对比了小代码块与大代码块花费的时间。对于大代码块,添加每行新代码所需的时间将超线性增加。然而,如果您堆叠小体积的代码函数,在每行代码上花的时间就会是准线性增加的。为了最好地实现这种效果,您需要确保每个函数或多或少独立于其他函数。您将在下一个原则（得墨忒耳律）中了解有关此概念的更多信息。

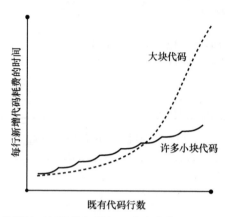

图 4-2   大代码块花费的时间指数级增加，多个小代码块花费的时间准线性增加

4.2.13   原则 13：得墨忒耳律

依赖关系无处不在。当您在代码中引入一个库，您的代码就多少会依赖这个库提供的功能，但它自身也存在内部彼此依赖关系。在面向对象编程中，函数也许会依赖其他函数，对象也许会依赖其他对象，类定义也许会依赖其他类定义。

要写出整洁代码，请遵循**得墨忒耳律**（Law of Demeter），最大限度地减少代码元素的相互依赖。该定律由伊恩·霍兰（Ian Holland）在 20 世纪 80 年代后期提出。伊恩·霍兰是一位软件开发人员，当时正致力于一个以希腊农业、谷物和丰收的女神得墨忒耳命名的软件项目。项目组提出，软件应不断生长，而不是简单地构建。然而，后来被称为得墨忒耳律的东西与这些可以说是更形而上学的思想几乎没有关系——得墨忒耳律是在面向对象编程中编写松散耦合代码的实操手段。在该项目组网站上有对得墨忒耳律的精练解释：

得墨忒耳律的重要概念之一是将软件切分为最少两个部分：第一个部分定义对象；第二个部分定义操作。得墨忒耳律的目的是维护对象与操作之间的松散耦合关系，修改其中之一时，不至于严重影响其他部分。这将大幅减少维护时间。

换言之，您应当尽量减少代码对象之间的依赖关系。减少代码对象之间的依赖，就降低了代码的复杂度，从而提升可维护性。具体来说，对象只应调用其自有方法或邻近对象的方法，不能借道邻近对象调用其他对象的方法。方便说明起见，如果对象 A 调用对象 B 提供的方法，则我们定义 A 和 B 是"**朋友**"。这很简单。不过，如果对象 B 返回了对象 C 的引用呢？现在，对象 A 会这样的操作：`B.method_of_B().method_of_C()`。这叫作方法调用**链**——可以比喻为和朋友的朋友交谈。得墨忒耳律认为，**只与密友交谈**，斩断方法调用链。这乍看有点令人困惑，我们来深入研究图 4-3 中展示的实际例子。

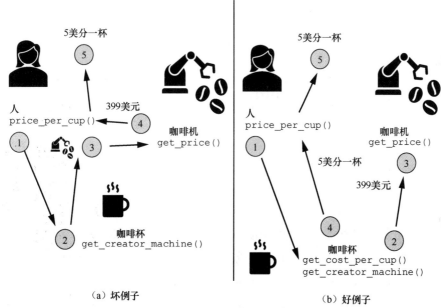

（a）坏例子　　　　　　　　　　　　（b）好例子

图 4-3　得墨忒耳律认为，只与密友交谈，尽量减少依赖关系

图 4-3 展示了两个面向对象项目，功能都是计算咖啡的零售价。其中一个违反了得墨忒耳律，另一个遵守得墨忒耳律。我们先看错误示例：在 Person 类中使用方法调用链与陌生人交谈❶（见代码清单 4-17）。

代码清单 4-17　违反得墨忒耳律的代码

```
# VIOLATE LAW OF DEMETER (BAD)

class Person:
```

```
    def __init__(self, coffee_cup):
        self.coffee_cup = coffee_cup

    def price_per_cup(self):
        cups = 798
    ❶ machine_price = self.coffee_cup.get_creator_machine().get_price()
        return machine_price / cups

class Coffee_Machine:
    def __init__(self, price):
        self.price = price

    def get_price(self):
        return self.price


class Coffee_Cup:
    def __init__(self, machine):
        self.machine = machine

    def get_creator_machine(self):
        return self.machine


m = Coffee_Machine(399)
c = Coffee_Cup(m)
p = Person(c)

print('Price per cup:', p.price_per_cup())
# 0.5
```

您编写了方法 `price_per_cup()`，基于咖啡机价格和它生产的咖啡杯数算出每杯咖啡的价格。`Coffee_Cup` 对象收集影响每杯咖啡价格的咖啡机价格，将其传到 Person 对象 `price_per_cup()` 方法的调用者。

图 4-3（a）展示了完成这个操作的糟糕策略。我们逐步骤分析代码清单 4-17 中的对应代码。

1. 方法 `price_per_cup()` 调用方法 `Coffee_Cups.get_creator_macine()`，获得对咖啡制造者 Coffee_Machine 对象的引用。

2. 方法 `get_creator_machine()` 返回 Coffee_Machine 的对象（功能是做咖啡）引用。

3. 方法 `price_per_cup()` 调用 Coffee_Machine 对象的 `Coffee_Machine.get_price()` 方法。Coffee_Machine 对象是从上述 Coffee_Cup 中获得的。

4. 方法 get_price() 返回咖啡机的价格。

5. 方法 price_per_cup() 计算每杯咖啡中包含的咖啡机折旧额，用来估算单杯咖啡的价格，将结果返回给方法调用者。

这种做法很糟糕，因为 Person 类依赖于两个对象：Coffee_Cup 和 Coffee_Machine❶。负责维护 Person 类的程序员必须了解 Coffee_Cup 类和 Coffee_Machine 的定义——对这两个类的修改会影响到 Person 类。

得墨忒耳律要求尽量减少这类依赖。在图 4-3（b）和代码清单 4-18 中，您能看到解决计算咖啡价格问题的更好方式。在这段代码片段中，Person 类并不直接与 Machine 类交谈——甚至根本不知道 Machine 类的存在。

代码清单 4-18　代码遵守得墨忒耳律，不与陌生人交谈

```
# ADHERE TO LAW OF DEMETER (GOOD)

class Person:
    def __init__(self, coffee_cup):
        self.coffee_cup = coffee_cup

    def price_per_cup(self):
        cups = 798
      ❶ return self.coffee_cup.get_cost_per_cup(cups)


class Coffee_Machine:
    def __init__(self, price):
        self.price = price

    def get_price(self):
        return self.price


class Coffee_Cup:
    def __init__(self, machine):
        self.machine = machine

    def get_creator_machine(self):
        return self.machine

    def get_cost_per_cup(self, cups):
```

```
        return self.machine.get_price() / cups


m = Coffee_Machine(399)
c = Coffee_Cup(m)
p = Person(c)

print('Price per cup:', p.price_per_cup())
# 0.5
```

我们一步步来检视这段代码。

1. 方法 price_per_cup() 调用方法 Coffee_Cup.get_cost_per_cup()，获得每杯咖啡的价格。

2. 在答复调用方法之前，方法 get_cost_per_cup() 调用方法 Coffee_Machine.get_price()，获得咖啡机的价格。

3. 方法 get_price() 返回价格信息。

4. 方法 get_cost_per_cup() 计算每杯咖啡的价格，返回给调用方法 price_per_cup()。

5. 方法 price_per_cup() 直接将计算结果传递给调用者❶。

这种做法更佳，因为 Person 类不再依赖于 Coffee_Machine 类。依赖关系的总数量减少了。对于有几百个类的项目，大幅减少依赖关系能降低应用程序的整体复杂度。大型项目中，复杂度提高会有风险：潜在依赖关系数量随对象数量的增长而发生超线性增长。粗略而言，超线性曲线的增长要比直线的增长快。例如，对象数量翻番很容易造成依赖数量翻两番（与复杂度等同）。然而，遵守得墨忒耳律，就能有效减少依赖数量，从而减缓这种趋势。如果有 n 个对象，每个对象与 k 个其他对象交谈，则依赖关系总量不大于 $k \times n$。如果 k 是常量的话，$k \times n$ 就会体现为线性关系。所以，数学证明，得墨忒耳律能帮您优雅地扩展应用程序！

4.2.14 原则 14：您不会需要它

这条原则指出，如果您只是**怀疑**总有一天会用到某些代码，就不该实现这些代码——因为您不会需要它！只写百分百确定必须要的代码。代码为今天而写，不为明天而写。如果以后您确实需要之前怀疑自己需要的代码，仍然能够实现。当下，您省下了许多行不必要的代码。

想想第一条原则，会有所帮助：最简单和整洁的代码是空文件。从空文件开始——需要添加什么呢？在第 3 章，您学习了 MVP：剔除特性、聚焦核心功能的代码。尽量少实现想要的特性，您就能获得整洁和简单的代码，比通过重构加上其他方法得到的代码还要整洁和简单。考虑丢弃那些相对而言价值较低的特性。机会成本常被忽略，但往往影响巨大。真的**需要**某个特性时，再考虑实现它。

这意味着要避免**用力过猛**：创造性能、强固性和特性都远超所需的产品。用力过猛会增加不必要的复杂性。

例如，我常常遇到一些问题，本来可以花几分钟用朴实的算法解决。但就像很多其他程序员一样，我不愿接受这些算法的小小限制。我研究了最先进的聚类算法。与简单的 KMeans 算法相比，新算法可以获得高几个百分点的聚类分析性能。这种长尾优化成本难以置信的高——我花了 80% 的时间来得到 20% 的改进。如果我**的确需要**那 20% 的改进，而且也没其他办法做到，就不得不这么做。但在现实情况中，我根本没必要实现精巧的聚类算法。典型的用力过猛！

永远先摘挂在低处的果子。使用朴实的算法和直截了当的方法建立基准，然后分析哪个新特性或性能优化可以为整个应用程序带来卓越的结果。着眼整体，不局限眼前：聚焦全局（参见原则 1），放过又小又费时间的修正工作。

4.2.15　原则 15：别用太多缩进层级

大多数程序员使用文本缩进来表达潜在嵌套条件块、函数定义或代码循环等层级结构。然而，滥用缩进会降低代码的可读性。代码清单 4-19 展示了有着太多缩进层级的代码。很难一下子就看懂这段代码。

代码清单 4-19　太多嵌套代码块层级

```python
def if_confusion(x, y):
    if x>y:
        if x-5>0:
```

```
            x = y
            if y==y+y:
                return "A"
            else:
                return "B"
        elif x+y>0:
            while x>y:
                x = x-1
            while y>x:
                y = y-1
            if x==y:
                return "E"
        else:
            x = 2 * x
            if x==y:
                return "F"
            else:
                return "G"
    else:
        if x-2>y-4:
            x_old = x
            x = y * y
            y = 2 * x_old
            if (x-4)**2>(y-7)**2:
                return "C"
            else:
                return "D"
        else:
            return "H"

print(if_confusion(2, 8))
```

如果让您猜这段代码的输出结果，您会发现不易追踪其运行过程。函数 `if_confusion(x, y)` 相对简单地检查变量 x 和 y。然而，那些高高低低的缩进层级很容易让人迷失。代码一点也不整洁。

代码清单 4-20 展示了如何把同样功能的代码写得既整洁又简单。

代码清单 4-20 较少的嵌套代码块层级

```
def if_confusion(x,y):
    if x>y and x>5 and y==0:
```

```
        return "A"
if x>y and x>5:
        return "B"
if x>y and x+y>0:
        return "E"
if x>y and 2*x==y:
        return "F"
if x>y:
        return "G"
if x>y-2 and (y*y-4)**2>(2*x-7)**2:
        return "C"
if x>y-2:
        return "D"
return "H"
```

在代码清单 4-20 中，我们减少了缩进和嵌套。您可以一目了然地看到程序对参数 x 和 y 做了什么。多数程序员会更喜欢阅读平直的代码——即便付出得做多余检查的代价，例如，x>y 就检查了好几次。

4.2.16 原则 16：使用指标

使用代码质量指标来持续跟踪代码复杂度。不求正式的话，要度量代码读者的受挫败程度，终极单位是读者每分钟骂多少句脏话。对于整洁和简单的代码，度量结果值会很低；而对于污糟和令人迷惑的代码，度量结果值会很高。

作为这个难以量化的指标的替代品，您可以使用第 1 章中谈到的 NPath 复杂度或循路复杂度等成型指标。对于大多数 IDE，在您写代码时，有许多在线工具和插件自动计算代码复杂度，比如 CyclomaticComplexity，您可以在 JetBrain 网站搜到这个插件。根据我的经验，与其事后度量复杂度，不如随时保持警惕，消灭复杂性于未然。

4.2.17 原则 17：童子军军规和重构

童子军军规很简单：**让营地比您来时更干净**。这条军规在生活中和编码时都能堪大用。养成习惯，清理您遇到的每一段代码。这不仅会改进您的代码，让工作更轻松，还能帮您练就编程大师的慧眼，看一眼就能评估代码的质量。此外，它还能帮助您的团队更具生产力，同事们也会感激您的价值导向态度。注意，不应违反之前谈及的避免过早优化（用力过猛）原则。花时间清理代码，减少复杂度，几乎总是一种有效的手段。这样做能极大地减少维护开销、缺陷和认知需求。简而言之，用力过猛会**增加**复杂度，而清理代码则能**降低**复杂度。

改进代码的过程被称为**重构**。您可以认为，重构是一种整体的方法，包括了本章讨论的每条原则。作为编程高手，您从一开始就综合使用这些整洁代码原则。即便如此，您仍然需要时不时重构代码，清理您自己造成的混乱。

代码重构技巧有很多。其中之一是向同事讲解您的代码，或请同事浏览代码，发现您没做对也没发现自己做错了的决定。例如，您可能创建了 Cars 和 Trucks 两个类，因为您原以为应用要处理两种机动车数据。在向同事讲解代码时，您意识到 Trucks 类用得不多——而且可以用 Cars 类中的方法来替代。您同事建议创建 Vehicle 类来处理小型汽车和卡车。这样您就能立即删掉许多行代码。这种思考方式能带来巨大的改进，因为它要求您对自己的决定负责，宏观、全面地讲解您的项目。

如果您是个内向的程序员，也可以对着橡胶小黄鸭讲解代码——这就是所谓**小黄鸭调试法（rubber duck debugging）**。

除了和同事（或者小黄鸭）交谈之外，您还可以不时用这里列出的整洁代码原则快速评估自己的代码。这样做，您多半会发现一些可以快速调优的地方，清理代码，大大降低复杂度。这是软件开发过程中不可或缺的一部分，将能显著改善结果。

4.3 小结

在本章中，您学习了关于编写整洁简单代码的 17 条原则。您了解到，整洁代码可以降低复杂度，提高生产力，也可以让项目更加强固和便于维护。您了解到，应当尽量使用库，从而减少杂乱无章的代码，改进代码质量。您了解到，在遵守标准的同时，选用有意义的变量名和函数名，对于方便未来代码读者的理解很重要。您学会了设计只做一件事的函数。可以通过直接和间接的方法调用链来尽量减少依赖关系（遵循得墨忒耳律），从而降低复杂度，提升承载规模扩展能力。您学会了用有价值的方式写一目了然的代码注释，您也学会了避免写非必要或琐碎的注释。

通过与高手程序员合作，阅读他们在 GitHub 上的代码，研究您所用的编程语言的最佳实践案例，您就能够持续提升整洁代码编写技能。（根据这些最佳实践）在编程环境中集成动态检查代码的工具插件。时不时回顾整洁代码原则，对照检查您手头的项目。

在下一章中，您将学习整洁代码之外的另一条有效编码原则：避免过早优化。很多程序员不懂得过早优化是万恶之源，您会惊讶于他们浪费了多少时间和精力。

第 5 章
过早优化是
万恶之源

在本章中，您将了解过早优化会怎样妨碍生产力。

过早优化是将宝贵的资源——时间、精力、代码行投入到非必要的代码优化上的行为（尤其是在您还没获得足够的支持信息时）。过早优化是糟糕代码的主要问题之一。过早优化有多种表现形式，本章将介绍其中一些最常见的。我们将研究一些案例，展示您自己项目中可能出现过早优化的地方。本章结尾处还会给出一些性能调优的可行提示，确保不做过早优化。

5.1 6 种过早优化的类型

代码优化无可厚非，但总得有所付出，要么花更多的编程时间，要么写更多行代码。优化代码片段时，您往往得拿复杂度来换性能。有时，通过编写整洁代码，您既能保持低复杂度，又能获得高性能，但需要花费编程时间来达成这一目标！如果在开发过程中过早开展这类工作，您就常常会花时间优化后面实际上不会用到的代码，或者优化对程序的总运行时间没太大影响的代码。而且，您在优化时也还没得到代码何时被调用、可能的输入值等足够的信息。花费编程时间和代码行等宝贵资源会大幅降低生产力，懂得如何投入这些资源相当重要。

不必偏信我的话。以下是有史以来最有影响力的计算机科学家之一高德纳对过早优化的看法：

程序员们花大量时间思考，或者说忧虑，程序中非关键部分的运行速度。在将调试与维护考虑进来后，这种看似高效的做法实际上会带来很大的负面影响。

我们应当忘掉影响范围较小的效率问题（大概会占全部效率问题的 97%）：过早优化是万恶之源。[①]

过早优化有很多形式。为了揭示问题，我们来看看六种我遇到过的优化形式。您也可能曾经和我一样过早地专注于局部效率问题而拖慢了进度。

5.1.1 优化函数

在确知函数被使用的频率之前，注意别花时间优化它。比方说，您遇到个没法不优化的函数。您说服自己，写幼稚代码是糟糕的编程风格，您应当用上更有效的数据结构或算法来解决问题。您一头扎进研究模式，花了很多时间去调研算法和做调优。但是，最后发现，这个函数在整个项目中只会运行寥寥数次：优化工作并没有带来有意义的性能提升。

5.1.2 优化特性

别增加非必需的特性，别花时间优化这些特性。假设您在开发一套智能手机应用，其功能是把文本转译为用闪灯表示的摩斯电码。您在第 3 章学会了先实现 MVP，而不是精雕细琢地包括许多可能非必要特性的产品。在这个案例中，MVP 可能是只有一个特性的简单应用：在简单输入框中输入文本，点击按钮，应用把输入的文本转译为摩斯电码。然而，您认为 MVP 规则不适用于自己的项目，决定额外添加一些特性：文本到语音的转换器，以及把灯光信号转译为文本的接收器。应用发布之后，您才发现，用户根本不用这些特性。过早优化显著拖慢了产品的开发周期，妨碍您从用户处收集反馈。

5.1.3 优化规划

过早地优化规划，试图找到还没发生的问题的解决方案，可能会妨碍有价

① Structured Programming with *go to* Statements. ACM Computing Surveys 6, 1974 (1).

值反馈的收集。当然您不应该完全绕开规划，但陷在规划阶段的代价不菲。为了向真实世界提供有价值的东西，您就得接受不完美。您需要得到来自用户的反馈和来自测试人员的完整性检查，确定重点关注哪些地方。规划能帮助您避开某些陷阱，但如果您不开工写代码，就会一直困在理论的象牙塔中，永远不能完成项目。

5.1.4 优化可扩展性

在对用户群体没有现实了解前，过早地优化应用的可扩展性，会严重干扰进度，浪费价值上万美元的开发者和服务器时间。也许您预期会有百万级别的用户，于是设计一套分布式架构，有必要时就动态添加虚拟机，应对峰值负载。然而，创建分布式系统既复杂又容易出错，动辄得花好几个月才能实现。很多项目会因各种原因而失败；如果您真如梦想中那样成功，自然会有一大堆机会扩展系统，迎接蜂拥而至的访问。更糟的是，由于通信和数据一致性开销增加，分布式系统有可能**降低**应用的可扩展性。实现具备可扩展性的分布式系统要付出代价——您真的确定要付出这种代价了吗？在服务好第一位用户之前，别去尝试扩展到能服务 100 万用户。

5.1.5 优化测试设计

过早地优化测试也是浪费开发者时间的元凶之一。测试驱动开发有许多错误理解了"**在实现功能之前先实现测试**"概念的拥趸。他们总是先写测试——即便函数纯粹只是做个实验，或者函数本身并不适合先写测试。实验性代码是为了测试概念和想法。给实验性代码添加一层测试会妨害进度，也没有遵守快速原型哲学。而且，假设您坚信测试驱动开发，坚持做到 100% 的测试覆盖率，有些函数——如处理用户随意输入文本的函数——并不能很好地适用单元测试，因为它们得应对人类乱七八糟的输入。对于这些函数，只有真人能够做有意义的测试——在这种情况下，真实用户才是管用的测试。为了达成完美测试单元测试覆盖率而过早地优化，价值甚低：它拖慢了软件开发周期，引入了没必要的复杂度。

5.1.6　优化面向对象世界建设

面向对象方法会引入非必要的复杂性和过早的"概念性"优化。设想一下，您想用一套复杂的类层级结构来描述应用程序中的世界；您写了个赛车游戏；您创建了一套类层级，Porsche 类继承自 Car 类，而 Car 类则继承自 Vehicle 类。毕竟每辆 Porsche（保时捷）都是一种 car（小型汽车），而每辆 car 都是一种 vehicle（机动车）。然而，多层结构让代码变得复杂，未来其他程序员不容易搞懂代码的功用。很多时候，这类堆叠的层级结构增加了不必要的复杂性。使用 MVP 理念来规避：从最简单的模型开始，只在需要时做扩展。别将代码对世界的建模优化到细节翔实、远超应用真实所需的程度。

5.2　性能调优的 6 条提示

记住，高德纳没有说优化**本身**是万恶之源。真正的问题是**过早**优化。高德纳的话人尽皆知，但很多人错误地拿它来反对一切优化。在正确的时间进行优化很有必要。

几十年以来技术上的迅速进步很大程度可以归功于优化：芯片上的电路布线、算法和软件易用性一直在优化。摩尔定律指出，芯片科技进步让计算本身令人难以置信地变得便宜和有效，而且在长时期内将以指数级增长。芯片科技的进步仍有巨大潜力，不能认为改进为时过早。

经验说明，您只该在有明确证据（如性能优化工具的度量结果）证实要优化的代码或功能确实是瓶颈，而且用户会喜欢甚至要求更好性能时，才执行优化。优化 Windows 操作系统启动速度不算是过早优化，因为它能令数以百万计的用户直接受益。而对每月只有 1,000 位用户访问的网站做承载规模扩展能力优化就为时过早了。**开发**应用的成本要比数千名用户**使用**它的成本低。如果花几个小时就能帮用户省几秒钟时间，就是一种胜利！用户时间比您的时间更有价值。这就是我们使用计算机的原因——投入少量资源，获取多得多的资源回报。优化并不总会过早。有时，一开始您就得做优化，打造高价值产品——为何要费劲交付不创造任何价值的未优化产品呢？前文谈到了一些避免过早优化的理由，下面我们来看看帮您选择优化时机的六条性能提示。

5.2.1 先度量再改进

度量软件性能，才能知道可以改进和应当改进的地方。没度量则不能改进，因为无法跟踪评估您的改进。

过早优化常常是未经度量就实施的优化，所以说过早优化是万恶之源。度量未优化代码性能之后才可以进行优化。度量对象可能是内存占用或速度等。要拿度量结果做基准。例如，假使您不清楚运行时间情况，就没道理去优化运行时间。除非用明确的基准来衡量，否则无法判断所谓"优化"会不会实际上增加了总运行时间，或者没有产生可衡量的效果。

度量性能的一般策略是，从写最直接、幼稚和易于阅读的代码开始。您可以把这叫作原型、**幼稚实现手段**或是 **MVP**。用表格记录度量结果。这是第一个基准。另写一套代码，用这个基准度量其性能。严格证实优化方案能够改进代码性能后，优化过的代码成为后续改进针对的新基准。如果优化不能客观改进代码，放弃优化。

这样，您就能持续跟踪代码的改进情况。您也能用文档向老板、同行乃至于整个科学社群证明和维护您的优化方案。

5.2.2 帕累托为王

第 2 章中探讨过的 80/20 原则（**帕累托原则**）也可以应用于性能优化。有些特性要比其他特性占用更多内存等资源，集中改进这些瓶颈将帮助您更有效地优化代码。

为了说明在我的操作系统上并行的不同进程存在高度失衡，请看图 5-1 中我的计算机当前的中央处理器使用情况。

如果用 Python 绘制这些数据，可以得到类似帕累托分布的结果，如图 5-2 所示。

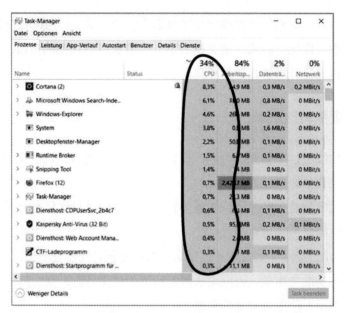

图 5-1　一台计算机上不同应用程序 CPU 需求的不均衡分布

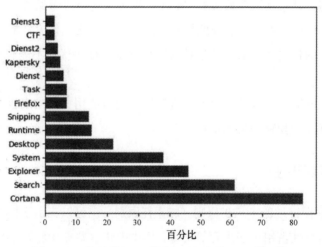

图 5-2　一台计算机上不同应用程序的 CPU 使用率

　　小部分应用程序占据很大比例的 CPU 使用率。如果我想降低电脑的 CPU 使用率，只需要关闭 Cortana 和 Search——相当大部分的 CPU 负载立即消失了，如图 5-3 所示。

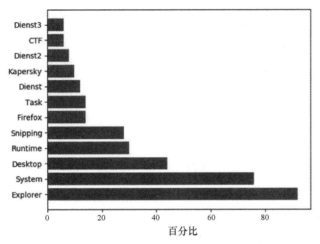

图 5-3　关闭不需要的应用程序之后，得到"优化"的系统

关闭两个最耗资源的任务后，CPU 负载大幅降低，但一眼看去，新的数据图与第一张图很相似：Explorer 和 System 这两个任务仍然比其他任务耗资源得多。这说明了性能优化的重要规则：性能优化具备分形特征。移除一个瓶颈，就会发现另一个瓶颈。系统中永远有瓶颈，如果您见一个移除一个，就能获得最大投入产出比。在实际项目中，您会发现同样的分布情况，相对较少的函数占用了大部分资源（如 CPU 运算周期）。您常常能集中解决占用资源最多的瓶颈函数，比如用更复杂的算法重写，或是想办法避免进行计算操作（例如，缓存中间结果）。当然，瓶颈会像按下葫芦浮起瓢一般轮番出现，所以您需要度量您的代码，决定何时停止优化。例如，将网页响应速度从 2 毫秒优化到 1 毫秒就没多大意义，因为用户根本注意不到差别。根据优化的分形特征和帕累托原则（见第 2 章），获得这些小收益通常需要投入大量的精力和时间，并且在易用性或应用程序效用方面可能收益不大。

5.2.3　算法优化获胜

比方说，您认为需要对代码进行某种优化，因为用户反馈和数据都显示应用运行得太慢了。您以秒或字节为单位度量当前的运行速度，明确希望达到的运行速度，也找到了瓶颈所在。下一步就是搞清楚如何解决瓶颈。

　　很多瓶颈都可以通过调整**算法和数据结构**来解决。例如，设想您在开发一套财务应用。您知道瓶颈在于函数 calculate_ROI()。该函数遍历所有可能存在的买卖点，算出最大利润。由于这个函数是整个应用中的瓶颈，您想找个更好的算法来实现。调研之后，您找到了一种**最大利润算法**，能简单又见效地大幅提升运算速度。同样也可以研究导致瓶颈问题的数据结构。

　　减少瓶颈、优化性能时，问问自己以下问题。

- 能否找到被证明——如通过图书、研究论文甚至维基百科——的更好算法？
- 能否针对具体问题调优既有算法？
- 能否改进数据结构？有一些常用的简单方案，包括用集合替代列表（如用于核对会籍时集合比列表快很多）、用字典替代元组集等。

　　花时间研究这些问题对应用和对您自己都有足够的回报。在这一过程中，您会成为更好的计算机科学家。

5.2.4　缓存万岁

　　按照前述提示做了必要修改后，您往前走一步，用一种轻快的技巧摒弃不必要的运算：将运算结果的子集保存到缓存中。这个技巧在很多应用中都很出彩。在执行新运算前，先检查缓存，看看是否已执行过同样的运算。这就像是您心算简单数学一样——在某一时刻，您并不**真的**是心算 6×5，而是从记忆中直接得到结果。因此，同类的中间计算在应用中多次出现时，缓存机制才有意义。幸运的是，真实应用中就是这样——例如，可能会有数千名用户在一天内观看同一段YouTube 视频，所以在离用户较近的地方（而不是几千英里以外的数据中心）做缓存就能省下总量可观的网络带宽资源。

　　我们来看看一小段计算斐波那契数列的代码示例。缓存会给这段代码带来可观的性能提升。

```
def fib(n):
    if n < 2:
        return n
```

```
    fib_n = fib(n-1) + fib(n-2)
    return fib_n

print(fib(100))
```

代码重复将序列的最后一个和倒数第二个元素相加,求得参数为 100 时的结果。

```
354224848179261915075
```

这种算法很慢,因为函数 `fib(n-1)` 和 `fib(n-2)` 差不多是计算同一种东西。它们都分别计算斐波那契数列中第 `(n-3)` 个元素,而没有彼此重用计算结果。冗余增加了——即便对于简单的函数调用,运算都会花很长时间。

改进性能的方法之一是创建缓存。缓存允许您保存运算结果,所以在这种情况下,`fib2(n-3)` 只会被执行两次,下次需要时,从缓存中直接调取结果就行了。

在 Python 中,我们创建一个字典,将每个函数的输入(如作为输入字符串)与输出联系起来,从而实现缓存机制。然后您就可以问缓存要之前执行过的运算结果。

下面是缓存版的 Python 斐波那契数列代码。

```
cache = dict()

def fib(n):
    if n in cache:
        return cache[n]
    if n < 2:
        return n
    fib_n = fib(n-1) + fib(n-2)
 ❶ cache[n] = fib_n
    return fib_n


print(fib(100))
# 354224848179261915075
```

您把 `fib(n-1) + fib(n-2)` 的结果保存到缓存中❶。如果您已经有了第 *n* 个斐波那契数,就没必要一次又一次地重复计算了,从缓存中拿出来就是了。在我的计算机上，计算前 40 个斐波那契数时，速度快了 2,000 倍！

下面是两个有效使用缓存的基础策略。

提前执行运算（"离线"），将结果放到缓存中。

对于能够一次性填充巨大缓存或每天填充一次缓存的网页应用，这是极好的策略，这样您就能随时向用户提供预先算好的结果。在用户看来，您的应用算得飞快！各种映射服务大量使用这个技巧来加速最短路径的计算。

运算出现时执行一次（"在线"），将结果放到缓存中。

可以拿在线比特币地址检查器做例子。检查器计算所有传入交易之和，扣除所有传出交易，从而算出给定比特币地址的结余。该地址的中间结果被缓存起来，避免同一用户再做检查时重复计算。响应式缓存是最基本的缓存形式，您不必决定先执行哪些运算。

不管哪种情况，保存越多运算结果，越有可能**缓存命中**相关计算，能够立即返回结果。然而，内存容量限制了能保存的缓存数量，您得有一套聪明的**缓存替换策略**：当缓存有容量限制时，可能很快就会被填满。到那时，只能替换掉旧值才能保存新值。常用的替换策略是**先进先出**（**first in, first out, FIFO**），用新缓存项替换最老的缓存项。缓存策略取决于具体应用，但 FIFO 会是首选。

5.2.5　少即是多

您面对的问题是否难以高效解决？那就把它变简单！这似乎显而易见，但太多程序员都是完美主义者，他们情愿接受巨大的复杂性和计算开销，只是为了实现一个甚至用户都可能不会注意到的小特性。例如，搜索引擎开发者面对的问题："特定搜索请求的最佳匹配结果是什么？"为这种难题寻找最优方案极度困难，需要搜索数以十亿计的网站。然而，谷歌等搜索引擎并不追求最优解。通过使用估测方法，它们在有限时间内尽其所能。不去检查几十万个网站，只使用经验估测方法评估网站的质量（如用著名的 PageRank 算法评估），找到最有潜力的少数高质量网站。如果在这些网站上找不到搜索结果，则到次优网站找答案。在多数情况下，您也应当使用估测策略而非最优算法。问问您自己以下问题：当前瓶颈是什么？为什么会有瓶颈？这个问题是否值得花精力解决？可以移除特性或是提供版本吗？如果只有 1%用户会用到某个特性，而这些用户一定会感知到该特性导致的延迟，那就是时候做点裁剪工作了（移除用量很少且一定带来糟糕体验的特性）。

简化代码时，考虑做以下操作是否有意义。

- 不实现某个特性，消灭瓶颈于未然。
- 用更简单的问题来替代，简化难题。
- 根据 80/20 原则，不做 1 个代价昂贵的特性，省出资源做另外 10 个代价低廉的特性。
- 不实现某个重要特性，转而实现另一个更重要的特性；考虑机会成本。

5.2.6 懂得何时停止

性能优化可以是编码工作中最耗时的部分，但总还有改进空间，可一旦用尽简单、方便的技术手段，改进性能所需投入的努力往往就会增加。到达某个点之后，再试图改进性能就纯粹是浪费时间了。

常常问自己：值得费劲继续优化吗？通常可以通过研究应用的用户得到答案。他们需要怎样的性能？他们感知到原版本与优化版本之间的差异了吗？是不是有一些用户抱怨性能糟糕？回答这些问题，您能得到对应用最长运行时间的大致评估结果。在到达基准线之前继续优化瓶颈，然后就停下。

5.3 小结

在本章中，您知道了为什么避免过早优化很重要。如果不能物有所值，那优化就太早了些。在不同项目中，通常可以用开发者时间、易用性指标、应用或特性带来的预期营收或对一部分用户的效用来衡量。例如，如果一项优化能为数千位用户节省时间或金钱，即便您投入很多开发者资源去做优化，大概也不算过早优化。然而，如果优化不能带来用户或开发者生活质量的可感知提升，大概就是过早优化。是的，在软件工程中有许多更高级的模型，但对过早优化危险的常识和警醒已经大有帮助，并不需要学习关于软件开发模式的高级图书或研究论文。例如，编写可读且整洁的代码而不是太在意性能，然后根据经验和性能跟踪工具给出的确凿事实以及用户研究的实际结果来优化具有高期望值的部件，这就是一条有用的经验法则。

在下一章中，您将学习心流——程序员最好的朋友。

第6章

心流

心流是人类终极表现的源代码。

——史蒂文·科特勒（Steven Kotler）

在本章中，您将学习心流的概念，以及如何利用心流提升编程生产力。很多程序员发现，在办公室时，各种干扰、会议和其他杂事令自己几乎不可能进入纯粹的有效编程状态。为了更深入地了解心流是什么和如何实践，本章中我们将检视许多例子。但一般而言，心流是一种纯粹的注意力集中状态——有些人称之为"在状态"。

心流并非狭义的编程概念，而是一种适用于任何领域、任何任务的状态。下面，我们将看看您怎么能达到心流状态，以及心流能如何帮助您。

6.1 什么是心流

米哈里·契克森米哈（Mihaly Csikszentmihalyi 其姓氏发音为 chick-sent-me-high）普及了心流的概念。契克森米哈是克莱蒙特研究生大学（Claremont Graduate University）心理学与管理学专业的杰出教授，曾任芝加哥大学心理学系主任。1990年，契克森米哈出版了他毕生研究方向的开山之作，这本书被恰如其分地命名为《心流》。

但什么是心流呢？我们先给心流给人的感受下一个有点主观的定义，然后，您会学到基于可测量标准对心流的更具体定义——作为程序员，您会更喜欢第二个定义。

心流体验是一种完全沉浸于手头工作的状态：专注。您忘记时间，进入超意识状态；您可能会有一种摆脱日常生活中其他负担的狂喜感；您思路更加清晰，下一步要做什么了然于心，一切按部就班；您对自己拥有完成下一项任务所需能力的信心不可动摇；完成任务只是完成任务的回报而已，而您享受过程中的每一刻；您的表现和结果都达到了巅峰。

根据契克森米哈的心理学研究，心流状态有六个要素。

注意力　您感觉到一种深入和完全的专注。

行动　您快速有效地推进当前任务——专注的意识有助于推动这种势头。每个行动的结果都会馈送到下一个行动中，从而创建一系列成功的行动。

自我　您变得较少关注自我，停止自省、怀疑和恐惧。您想自己（**反射**）越来越少，想手头工作（**行动**）越来越多。您沉迷于手头的工作中。

控制　即便较少关注自我，您仍会享受对当下解决方案渐增的操控感，从而得到平静与信心，让您能够跳出框框去思考，给出建设性的解决方案。

时间　您失去了对时间流逝的感知能力。

回报　行动本身是您的全部所需。也许还会有其他回报，但沉浸于行动本质上已经是一种回报。

术语"**心流**"与"**注意力**"紧密相关。在 2013 年的一篇关于注意缺陷与多动障碍（ADHD）的论文中，罗尼·斯科拉（Rony Sklar）指出，**注意缺陷**一词错误地暗示了患者无法集中注意力。心流的另一个名字是**超专注**（**hyperfocus**）。大量心理学研究人员（例如，Kaufmann 等人，2000）已经证明，ADHD 患者非常有能力达到超专注状态。他们只是对那些本质上没有回报的任务投入了太多注意力。不必患上多动障碍，您也能知道很难专注于自己不喜欢的事。

不过，如果您曾经完全沉迷于令人兴奋的游戏，开发有意思的应用，或者观看趣味十足的电影——您就明白从事喜欢的活动时有多容易进入心流状态。在心流状态中，您的身体释放出内啡肽、多巴胺和血清素等五种**让人感觉良好**的生化快乐素，契克森米哈甚至曾警告说心流可能具有成瘾性。学习如何进入心流状态，您会更加聪慧和富有生产力——如果您将心流行为导往编程之类有产出的工作的话。

现在，您也许会问：拿出点儿干货来——我怎样才能进入心流状态？下面来回答这个问题。

6.2　如何达到心流状态

契克森米哈列出了达到心流状态的三个条件：目标清晰；反馈及时；在机会和能力之间要有平衡点。

6.2.1　清晰的目标

如果您正在写代码，一定会有一个清晰的目标，较小的举措都会针对这个目标进行。在心流状态中，每个行动自然而然引出下一个行动，然后再下一个，最终必有终极目标。在玩电子游戏时，人们常常进入心流状态，因为小举动（如跳过移动障碍）的成功最终导向实现大目标（如赢得关卡）。每行代码都让您离项目成功完成更近一步。跟踪已写的代码是让编码工作像游戏的一种方法。

6.2.2　反馈机制

反馈机制奖赏期望的行为，惩罚不期望的行为。机器学习工程师明白，他们得有一套出色的反馈机制来训练高效模型。例如，教机器人走路的方法是为它没跌倒的每一秒发奖励，并告诉它为了获得总体最大奖励而进行优化。在学习新鲜事物时，我们人类大致也是这么做的。我们向父母、老师、朋友或导师——甚至自己不喜欢的邻居——寻求赞赏，调整行为方式，最大化获得的赞赏，最小化（社会性）惩罚。这样，我们就学会采取某些具体举措，不做其他举措。对于这种学习方式，获得反馈非常重要。

反馈是心流的前提条件。为了在工作日达到更多的心流状态，多找反馈。每周与项目伙伴碰头，讨论代码和项目目标，吸收伙伴的反馈。在 Reddit 或 StackOverflow 上贴出代码，请网友反馈意见。早一些发布 MVP，持续接收用户反馈。为编程精力投入寻求反馈，就像是一种吸引力，因为它会提高您在导致反馈的活动中的参与程度，即便满足感有延迟也是如此。我发布 Finxter（Python

学习的软件应用）之后，用户反馈就一直没停过，我也乐在其中。用户反馈推着
我写代码，而且在写改进应用的代码时常常进入心流状态。

6.2.3 平衡机会与能力

　　心流是一种思维活跃状态。任务太容易的话，您就会厌烦，失去沉浸感。任
务太难的话，您会太早放弃。任务必须有挑战性，但不能过于困难。

　　图 6-1 展示了思维的可能状态。概念源自契克森米哈的研究，我重新做了
绘制。

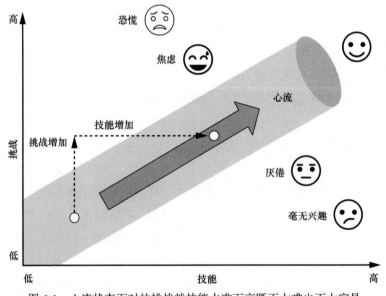

图 6-1　心流状态面对的挑战就技能水准而言既不太难也不太容易

　　图中横轴代表您的技能水平，纵轴代表任务难度。所以，如果任务难度远高
于技能水平，您就会感到恐慌；如果任务太容易，您又会毫无兴趣。但是，如果
任务难度与当前技能相匹配，您就最有可能进入心流状态。

　　进入心流状态的技巧是，持续寻求更难的挑战，但不触达导致焦虑的难度水
平，还要相应地提升技能水平。这样的周期式学习让您循环提高生产力和技能，
同时也让您从工作中获得更多的快乐。

6.3 给程序员的心流提示

2015 年，欧文·谢弗（Owen Schaffer）在题为《打造富有乐趣的用户体验：一种促进心流的方法》（"Crafting Fun User Experiences: A Method to Facilitate Flow"）的论文中提出，心流有 7 个条件：知道要做什么；懂得如何做；清楚自己能做多好；知晓路径；寻求挑战；提升技能应对高难度挑战；避免分心。基于这些条件和我的思考，我整理了一些针对编程工作获得心流状态的快速技巧和策略。

手头始终有实用代码项目。不要花时间漫无目的地学这学那。您能更快地吸收对自己关心之事有影响的信息。我建议，将学习时间的 70%分配给实用又有意思的项目，30%分配给阅读书籍、教程或观看课程视频。我从与 Finxter 社区中数以万计程序员的互动和沟通中了解到，相当一部分编码学员反其道而行，陷入学习循环，从未准备好开展真正的项目。故事总是如出一辙：程序员们深陷编程理论之中，学不致用，甚至越发在意自己所知有限——恶性循环。出路是无论如何也要设定清晰的项目目标，并且推动项目完成。这能满足心流的前三个条件之一。

开展符合目标的有趣项目。心流是一种兴奋状态，所以您必须对工作兴奋得起来才行。如果您是专业程序员，花时间想想工作的目标，找到项目价值。如果您还在学习编码，恭喜——您可以选一个能让自己兴奋的有趣项目。做对自己有意义的项目，您会得到更多乐趣，更有可能成功，也更能乐观地看待暂时的挫折。如果您醒悟到不能坐等项目，您就会知道，心流近在咫尺。

发挥优势。这是来自管理咨询专家彼得·德鲁克（Peter Drucker）的金玉良言。您总有不擅长的领域。在多数活动中，您的技能低于平均水准。妄想以弱胜强，最终必然失败。相反，要发挥优势，磨练技能，别去管大部分劣势。您最擅长什么？在计算机科学的广泛领域里，您最喜欢什么？列一个清单来回答这些问题。最有利于进步的行动之一是找出优势，然后围绕优势严密安排每一天的工作。

为编程准备大块时间。这将让您有时间理解面临的问题和任务——每位程序员都知道读懂复杂项目需要时间——并有节奏地开展工作。比如，爱丽丝和鲍勃正在做一个项目。他们需要 20 分钟的时间来概览项目，充分理解需求，深入几个函数，做一些宏观考虑。爱丽丝每隔 3 天会花整 3 小时在项目上，而鲍勃则每天花 1 小时在项目上。谁会取得更大的进展呢？爱丽丝每天平均投入 53 分钟［（3 小时−20 分钟）/3］。因为读代码需要很多时间，鲍勃每天在项目上实际工作 40 分钟。所以，在其他条件对等的情况下，爱丽丝每天领先鲍勃 13 分钟。爱丽丝更有可能达到心流状态，因为她更能全身心地投入研究问题。

在心流中时杜绝分心。这看起来显而易见，但却很难实现。能减少干扰——社交网络、娱乐应用、和同事聊天——的程序员比其他程序员更能达到心流状态。要获得成功，您得做到其他人不肯做的事：杜绝分心。关闭智能手机，关掉社交媒体网页。

除手头任务之外，**只做您知道必须做的事**。保持充足睡眠、健康饮食、规律锻炼。作为程序员的您懂得这句话：**垃圾进，垃圾出**。输入有问题，结果就不好。试试用腐坏的食材烹调美食——几乎不可能！有高质量输入才能有高质量输出。

获取高质量信息。因为输入越好，输出就越好。阅读编程书籍，而不是囫囵吞枣地阅读博客文章。更好的做法是阅读顶级刊物上的研究论文，那才是最高质量的信息。

6.4　小结

总而言之，您可以通过一些最容易的途径尝试获得心流：锁定大块时间，专注于任务，保持健康且睡眠充足，设定清晰的目标，找到爱干的事，积极寻求心流。

寻求心流，最终就能找到心流。如果您每日都循例在心流状态中工作，效率就能提高一个数量级。这是程序员和其他知识工作者都能用得上的最简单的概念。如米哈里·契克森米哈所言：

我们生命中最好的时光不是那些被动接受的放松时光……为了实现某种困难但却值得的事而自愿投入，身心都逼近极限之时，最好的时光通常才会出现。

在第 7 章中，您将深入了解 Unix 关于"做好一件事"的哲学。这条原则已被证明是打造可扩展操作系统的绝佳路径，也是一种绝好的生活方式。

6.5 资料

Troy Erstling. The Neurochemistry of Flow States. Troy Erstling (blog).

Steven Kotler. How to Get into the Flow State. filmed at A-Fest Jamaica, 2019-02-19.

F Massimini, M Csikszentmihalyi, M Carli. The Monitoring of Optimal Experience:A Tool for Psychiatric Rehabilitation. Journal of Nervous and Mental Disease 175, 1987, (9).

Kevin Rathunde. Montessori Education and Optimal Experience:A Framework for New Research. NAMTA Journal 26, 2001, (1):11–43.

Owen Schaffer. Crafting Fun User Experiences:A Method to Facilitate Flow. Human Factors International white paper, 2015.

Rony Sklar. Hyperfocus in Adult ADHD:An EEG Study of the Differences in Cortical Activity in Resting and Arousal States. MA thesis, University of Johannesburg, 2013.

第7章　做好一件事，以及其他 Unix 原则

> 这就是 Unix 哲学：编写只做一件事并且把那件事做好的程序；编写能一起工作的程序；编写处理文本流的程序，因为文本流是通用接口。
>
> ——道格拉斯·麦基尔罗伊（Douglas McIlroy）[1]

Unix 操作系统的主流哲学很简单：做好一件事。举例来说，创建能可靠、高效解决一个问题的函数或模块往往比试图同时应对多个问题的函数或模块更好。在本章的稍后部分，您将看到用 Python 代码"做好一件事"的范例，学习如何将 Unix 哲学应用于编程。然后，我将介绍那些全世界成就最高的计算机工程师在打造现今操作系统时所采用的首要原则。如果您是一位软件工程师，您会发现这些建议对于在您项目中编写更好的代码会很有价值。

但首先得知道：什么是 Unix？为何要关注 Unix？

7.1　Unix 的崛起

Unix 是一种设计哲学，它启发了包括 Linux 和 macOS 在内的流行操作系统。20 世纪 70 年代末，贝尔系统公司（Bell Systems）向公众开放其技术的源代码后，Unix 操作系统家族就出现了。从那时起，各个大学、个人和公司开发了许多扩展版本和新版本。

---

[1] Unix 早期核心开发组成员。他提出了"管道"的概念，也是 sort、diff 等重要 Unix 工具的发明者。——译者注

如今，官方 Unix 标准仍然认证满足特定质量要求的操作系统。Unix 和类 Unix 操作系统对计算机产业产生了重要影响。70%的 Web 服务器运行在以 Unix 为基础的 Linux 系统上。今天的大多数超级计算机都运行基于 Unix 的系统。甚至 macOS 也是登记在案的 Unix 系统。

林纳斯·托瓦尔兹（Linus Torvalds）[①]、肯·汤普森（Ken Thompson）[②]、布莱恩·克尼汉（Brian Kernighan）[③]——Unix 开发者和维护者的名单中，有一些是全球范围内最有影响力的程序员。您也许会以为，一定有种伟大的组织体系，让世界各地的程序员能够合作构建由数百万行代码组成的庞大的 Unix 生态系统。理当如此！能够支撑这等规模协作的哲学就是 DOTADIW——**只做一件事，做好这件事**（**do one thing and do it well**）。关于 Unix 哲学，坊间已有多本专题著作，在这里我们只探讨与本书主题最相关的概念，并使用 Python 代码片段展示一些例子。据我所知，还没有哪本书谈及 Python 编程语言如何应用 Unix 原则。好，我们开始吧！

7.2　Unix 哲学概览

Unix 哲学的基本概念是打造易于扩展和维护的简明、精练、模块化代码。这可能意味着很多事——本章后面将做更多的探讨——但其目标则是令可读性高于效率、可组合性高于大一统设计，好让许多人可以在同一套代码库上协作。大一统应用的设计缺乏模块思维，如果不访问整个应用，代码逻辑中的相当一部分就不能被复用、执行或调试。

例如，您写了一个程序，在命令行接受统一资源定位符（URL）作为输入，从该 URL 读入 HTML，输出到屏幕。我们不妨叫这个程序 `url_to_html()` 好了。根据 Unix 哲学，这个程序只应该做好一件事，就是从 URL 获得 HTML 文本并输出到 shell（见代码清单 7-1）。就是这样。

---

① Linux 操作系统和 Git 源代码版本管理工具的发明者。——译者注

② Unix 操作系统两位发明人之一（另一位是丹尼斯·里奇）。——译者注

③ Unix 早期核心开发组成员。——译者注

代码清单 7-1 从给定 URL 读取 HTML，返回字符串

```python
import urllib.request


def url_to_html(url):
    html = urllib.request.urlopen(url).read()
    return html
```

您需要的都在这里了。不要添加过滤标签、修正缺陷之类功能。例如，您也许会忍不住添加代码，修正用户可能犯的常见错误，比如忘记关闭标签，只有 `<span>` 标记，没有用 `</span>` 标签关闭，如下所示。

```
<a href='nostarch.com'><span>Python One-Liners</a>
```

根据 Unix 哲学，即便您识别出这类错误，也不应在该函数中修正它。

对于这段简单的 HTML 函数，另一个诱惑是自动修正格式。例如，下列 HTML 代码不太好看。

```
<a href='nostarch.com'><span>Python One-Liners</span></a>
```

您可能更喜欢格式化后的代码。

```
<a href='nostarch.com'>
    <span>
        Python One-Liners
    </span>
</a>
```

然而，函数名是 `url_to_html()` 而不是 `prettify_html()`。添加代码美化之类特性，给函数增加了第二个功能，而有些用户可能并不需要这个功能。

您应当创建另一个叫作 `prettify_html(url)` 的函数，其唯一功能就是修正 HTML 的文本风格问题。这个函数也许会调用函数 `url_to_html()` 来获得 HTML 文本，然后再处理 HTML 文本。

通过让每个函数聚焦于只实现一个目的，改进了代码的可维护性和可扩展性。一个程序的输出是另一程序的输入。您降低了复杂度，避免了乱七八糟的输出，专注于做好一件事。

虽然单个子程序可能看上去太小甚至太细碎，但您能将这些子程序组合起来，创建更为复杂却易于调试的程序。

7.3   15 条有用的 Unix 原则

我们来深入探讨 15 条可应用于当下的 Unix 原则，并且尽可能用 Python 示例实现这些原则。我从 Unix 编码专家埃里克·雷蒙德（Eric Raymond）和麦克·甘卡茨（Mike Gancarz）处收集到这些原则，并应用于现代 Python 编程。您会注意到，其中好些原则都符合本书提到的其他原则，甚至有重叠之处。

7.3.1   每个函数做好一件事

Unix 哲学的总原则是**做好一件事**。我们看看用代码怎么体现。在代码清单 7-2 中，您实现了函数 display_html()，从字符串表示的 URL 获得 HTML，美化之后，显示出来。

代码清单 7-2   每个函数或程序只做好一件事

```
import urllib.request
import re


def url_to_html(url):
    html = urllib.request.urlopen(url).read()
    return html


def prettify_html(html):
    return re.sub('<\s+', '<', html)


def fix_missing_tags(html):
    if not re.match('<!DOCTYPE html>', html):
        html = '<!DOCTYPE html>\n' + html
    return html


def display_html(url):
    html = url_to_html(url)
    fixed_html = fix_missing_tags(html)
```

```
prettified_html = prettify_html(fixed_html)
return prettified_html
```

可以用图 7-1 表示这段代码。

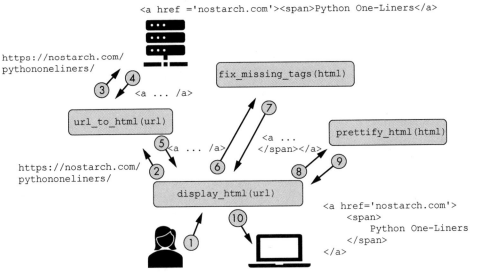

图 7-1 多个简单函数的概览（每个函数做好一件事，协同完成更大任务）

代码清单 7-2 中的代码执行了函数 `display_html` 中的下列步骤。

1. 从给定 URL 获得 HTML。

2. 修正一些漏写的标识。

3. 美化 HTML。

4. 返回结果给函数调用者。

如果运行这段代码，输入指向不美观 HTML 代码 `'<a href="https://finxter.com">Solve next Puzzle</a>'` 的 URL，函数 `display_html()` 会组合那些小函数的输入和输出，修正格式糟糕（且不正确）的 HTML，因为每个小函数都做好自己的事。

您可以用下列指令输出主函数结果。

```
print(display_html('https://finxter.com'))
```

代码在 shell 中输出添加了新标记、移除了多余空格的 HTML。

```
<!DOCTYPE html>
<a href="https://finxter.com">Solve next Puzzle</a>
```

将整个程序想象为您计算机终端上的浏览器。爱丽丝调用 display_html(url)，该函数获得 URL，传递给另一个函数 url_to_html(url)，该函数从给定 URL 位置获得 HTML 文本。并不需要重复实现同样功能。幸好，函数 url_to_html() 的作者将函数写得足够小，您可以将其返回的 HTML 直接作为函数 fix_missing_tags(html) 的输入。用 Unix 行话来说，这叫作**管道化**（piping）：一个程序的输出传递给另一个程序作为输入。函数 fix_missing_tags() 的返回值是有关闭标签</span>的修正后 HTML，而原始 HTML 中少了这个标签。您将输出结果传给函数 prettify_html(html)，等待结果——对用户友好的、带缩进的正确 HTML。这时函数 display_html(url) 才返回美化和修正过的 HTML 代码给爱丽丝。您看，一系列小函数相互连接、彼此传递输入和输出，就能完成很大的任务。

在您的项目中，可以实现另一个函数，它不美化 HTML，只添加<!DOCTYPE html>标签。您还可以实现第三个函数，只美化 HTML，不添加新标签。只写小函数，您就能在既有功能基础上轻易创建新代码，而且不会有大量冗余。代码的模块化设计带来了可复用性、可维护性和可扩展性。

采用大一统实现的话，函数 display_html(url) 要自行处理所有这些小任务。您无法复用其中一部分功能，比如从 URL 获取 HTML 代码，或是修正错误的 HTML 代码。自行处理所有工作的大一统函数像是下面这样。

```
def display_html(url):
    html = urllib.request.urlopen(url).read()
    if not re.match('<!DOCTYPE html>', html):
        html = '<!DOCTYPE html>\n' + html
    html = re.sub('<\s+', '<', html)
    return html
```

函数更复杂了：它没有专注于处理一个任务，而是要处理多个任务。更糟糕的是，如果您想实现另一个类似函数，不移除开放标识'<'后面的空格的话，您就得复制、粘贴其他代码行。代码出现冗余，降低了可读性。功能越多，就越糟糕。

7.3.2　简单胜于复杂

"**简单胜于复杂**"是本书的首要原则。在前文中，您已看到这条原则的许多形态——我强调这一点是因为不采取行动简化，就会陷于复杂之中。"**简单胜于复杂**"原则甚至进了 Python 非官方规则指南。打开 Python shell，输入 import this，您会看到著名的《Python 之禅》(*Zen of Python*)（见代码清单 7-3）。

代码清单 7-3　《Python 之禅》

```
> import this
The Zen of Python, by Tim Peters

Beautiful is better than ugly.
Explicit is better than implicit.
Simple is better than complex.
Complex is better than complicated.
Flat is better than nested.
Sparse is better than dense.
Readability counts.
Special cases aren't special enough to break the rules.
Although practicality beats purity.
Errors should never pass silently.
Unless explicitly silenced.
In the face of ambiguity, refuse the temptation to guess.
There should be one-- and preferably only one --obvious way to do it.
Although that way may not be obvious at first unless you're Dutch.
Now is better than never.
Although never is often better than *right* now.
If the implementation is hard to explain, it's a bad idea.
If the implementation is easy to explain, it may be a good idea.
Namespaces are one honking great idea -- let's do more of those!
```

代码清单 7-3 译文[1]如下。

《Python 之禅》，蒂姆·彼得斯（Tim Peters）所作。

美胜于丑。

明确胜于晦涩。

---

[1] 为便于国内读者理解，翻译 Python shell 中的原始文字。——译者注

简单胜于复杂。

复杂胜于凌乱。

扁平胜于嵌套。

间隔胜于紧凑。

可读性至关重要。

特例没有特别到破坏规则的程度，

即便实用性胜过纯洁性。

不可对错误袖手旁观，

除非有意为之。

面对多种可能，绝不猜测。

只有且最好只有一种显而易见的做法，

虽然那种做法一开始并不显而易见（除非您是 Python 之父）。

当下做比永远不做好。

但永远不做常常比立即就做好。

如果难以解释，那就不是好方案。

如果易于解释，可能就是好方案。

命名空间精妙绝伦，应当多多使用！

我们已经在简单性概念上用了不少笔墨，这里就不再赘述。如果您还是不清楚为何简单胜于复杂，重温第 1 章关于高复杂度带来负面生产力影响的部分。

7.3.3　小即是美

与其编写大块代码，不如编写小函数，在这些小函数之间牵线搭桥，如图 7-1 所示。保持程序小有三个主要原因。

降低复杂度

长代码难以理解。这是一个认知问题：大脑只能同时处理一定数量的信息。太多信息碎片会遮掩全局。减少函数中的代码行，就能**改进可读性**，减少引入高代价缺陷的可能性。

改进可维护性

将代码划分为许多小的功能块，让其易于维护。添加更多小函数有可能导致副作用，但对大一统代码块的随便什么修改都会轻易导致不希望发生的全局性影响，多个程序员在同一套代码上工作时尤其如此。

改进可测试性

许多现代软件公司采用**测试驱动开发**，利用单元测试对每个函数和单元块执行输入压力测试，对输出结果和期望输出结果进行对比。这种做法让您能够发现并隔离缺陷。单元测试在小代码块中更有效和更容易实现。每个函数都专注于一件事，所以您很清楚期望结果是什么。

Python 本身就是这条原则的典范，不需要另外找 Python 小块代码的例子。编程高手都会用其他人的代码来提高编码效率。上百万开发者投入无数时间优化的代码，您可以拿来即用。像大多数其他编程语言一样，Python 也通过库来提供这样的功能。很多没那么常用的库并未跟随发行包发布，需要手工安装。由于这些库不是内建功能，Python 在您计算机上所需的安装空间就能相对较小，而且不至于牺牲使用外部库力量的可能性。在此之上，非内建的那些库也相对小——都聚焦于有限功能。Python 没有在一个大库中处理所有问题。我们有许多小库，每个小库负责全局中的一小部分。小即是美。

每隔几年，就会有新的架构模式涌现，承诺将大一统的应用切分为小而美的应用，加速编程周期。新近的例子是通用对象请求代理体系结构（common object request broker architecture，CORBA）、面向服务体系结构（service oriented architecture，SOA）及微服务。这些体系结构的概念都是将大型软件块切分为一系列独立部署组件，可被多个程序使用，希望通过微服务之间的能力共享加速软件开发的整体进度。

这些趋势的底层动力是编写模块化和可重用代码的概念。通过学习本章提出的概念，您就能准备好从根本上理解朝着模块化发展的这些趋势和即将到来的其他趋势。从一开始就应用合理原则，以立于不败之地。[①]

---

① 如果想深入了解本书范围之外有关这一主题的内容，建议阅读马丁·福勒关于微服务的网页。

7.3.4　尽快打造原型

Unix 核心开发组是 MVP 原则的敏锐支持者。MVP 原则我们在第 3 章讨论过。它让您能够避免持续添加特性、复杂度毫无必要地急剧提升、陷于追求完美的死循环中。如果您在编写操作系统之类的大型应用，就根本无法承受复杂度不断提高的后果。

图 7-2 展示了一个早期应用启动的例子。这个应用无视 MVP 原则，充满了不必要的功能。

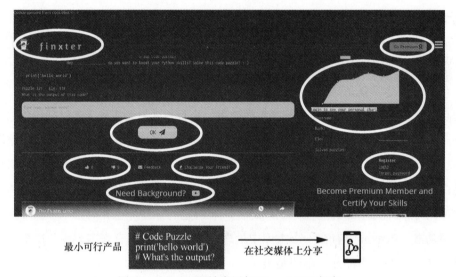

图 7-2　Finxter 网站应用与 Fixter MVP 版本

应用特性包括交互式答案检查、谜题投票、用户数据分析、用户管理、高级功能、相关视频等，还有图标等简单特性。对于初次发布的产品，这些特性全无必要。实际上，Finxter 应用的 MVP 版本应当只是在社交媒体上发布的一张简单代码谜题图片。这足以验证用户需求假设，不必花几年时间做应用。**早失败，多失败，败而后能进。**

7.3.5　可移植性胜于效率

可移植性是指一套系统或程序能够在保持功能正常的前提下从一个运行环

境移植到另一个运行环境。软件的主要优势之一就是可移植性：在您的计算机上写一套程序，不用另行适配就能在上百万名用户的计算机上运行。

然而，可移植性意味着要付出损失效率的代价。**可移植性/效率权衡**在技术文献中早有阐述：剪裁软件，使其仅适用于一种环境，就能获得较高效率，但却失去了可移植性。**虚拟化**是这种权衡的绝佳例子：在软件与运行软件的底层基础架构之间放置一层额外软件，让程序可以运行在几乎一切物理计算机上。而且，虚拟机可以带着当前执行状态从一台物理机迁到另一台物理机，这提升了软件的可移植性。然而，虚拟化所需的新增层降低了运行时和内存的效率，因为程序与物理机之间的交互带来了额外开销。

Unix 哲学主张在可移植性与效率之间选择前者。由于操作系统应用范围广，这种选择很有道理。

但青睐可移植性的经验之谈对更广泛的软件开发者也有用。降低可移植性意味着降低应用价值。如今，从根本上提升可移植性已是常规操作，甚至可以为此付出效率损失的代价。我们希望 Web 应用能运行在每台有浏览器的计算机上，不管其系统是 macOS、Windows 还是 Linux。Web 应用也越来越友好，如能让视障人士使用，即便具备可访问性的网站也许效率较差也是如此。有许多资源比算力更值钱：人的生命、时间和计算机带来的其他影响。

但除这些一般考虑因素外，可移植性对于程序还意味着什么呢？在代码清单 7-4 中，我们创建了一个计算参数平均值的函数——这段代码没有针对可移植性做优化。

代码清单 7-4　可移植性没有极大化的平均数计算函数

```python
import numpy as np

def calculate_average_age(*args):
    a = np.array(args)
    return np.average(a)


print(calculate_average_age(19, 20, 21))
# 20.0
```

　　这段代码不可移植，有两个原因。其一，函数 calculate_average_age() 只是简单计算平均数，但其名称在不同环境中不能普遍适用。例如，当计算网站访客平均数量时，您就可能不会用它。其二，它毫无必要地引用了一个库，而您完全可以轻易地自己计算平均数（见代码清单 7-5）。使用库通常会是好主意，但只应该带来价值时才该这么做。在这个例子中，库降低了可移植性，因为用户也许没安装这个库。而且，这样做只提高了一点点效率。

　　在代码清单 7-5 中，我们用更具可移植性的方式重写函数。

代码清单 7-5　可移植的平均数计算函数

```
def average(*args):
    return sum(args) / len(args)


print(average(19, 20, 21))
# 20.0
```

　　我们给函数改了更具普遍性的名字，去掉不必要的引用。现在您就不必担心如果库过时了怎么办，而且可以将同样的代码用在其他项目中。

7.3.6　在纯文本文件中保存数据

　　Unix 哲学鼓励使用**纯文本文件**保存数据。纯文本文件是简单的文本或二进制文件，无须高级手段即可访问其内容——这与数据库社群使用的许多其他更高效但也更复杂的文件格式不同。纯文本文件是人类可阅读的简单数据文件。常见的逗号分隔数值（CSV）格式就是纯文本文件格式的一种。在 CSV 文件中，每行代表一条数据（见代码清单 7-6），不熟悉数据的人看一眼也能大概有所了解。

代码清单 7-6　美国失窃枪支数据，来自政府数据网站，以 CSV 格式提供

```
Property Number,Date,Brand,Model,Color,Stolen,Stolen From,Status,Incident
number,Agency
P13827,01/06/2016,HI POINT,9MM,BLK,Stolen Locally,Vehicle,Recovered
```

```
Locally,B16-00694,BPD
P14174,01/15/2016,JENNINGS J22,,COM,Stolen Locally,Residence,Not
Recovered,B16-01892,BPD
P14377,01/24/2016,CENTURY ARMS,M92,,Stolen Locally,Residence,Recovered
Locally,B16-03125,BPD
P14707,02/08/2016,TAURUS,PT740 SLIM,,Stolen Locally,Residence,Not
Recovered,B16-05095,BPD
P15042,02/23/2016,HIGHPOINT,CARBINE,,Stolen Locally,Residence,Recovered
Locally,B16-06990,BPD
P15043,02/23/2016,RUGAR,,,Stolen Locally,Residence,Recovered Locally,B16-
06990,BPD
P15556,03/18/2016,HENRY ARMS,.17 CALIBRE,,Stolen Locally,Residence,Recovered
Locally,B16-08308,BPD
```

您能方便地分享纯文本文件，用任意文本编辑器打开并且手工修改。然而，这样的便利要付出效率损失的代价：为特定目的设计的特定数据格式能够有效地多地保存和读取数据。例如，数据库使用专有的硬盘文件，采用详细索引和压缩方案等优化手段来呈现数据。如果您直接打开查看，就会什么也看不懂。这样的优化令程序读入数据所消耗的内存和其他开销比读入纯文本文件所需资源少得多。对于纯文本文件，系统得扫描整个文件才能读入特定行。Web 应用也需要更有效的优化数据呈现手段，让用户能低延迟快速访问，所以极少采用纯文本的表现方式和数据库。[①]

然而，您应当只在确定需要时才使用优化的数据呈现手段。例如，您要创建一套对性能有高要求的应用，就像谷歌搜索引擎那样，毫秒之间为特定用户查找到相关网络文档。对于许多更小规模的应用，比如用含有 10,000 条数据的真实数据集训练机器学习模型，则推荐使用 CSV 格式保存数据。采用专门格式数据库会降低可移植性，增加不必要的复杂度。

代码清单 7-7 展示了一种适合使用纯文本格式的情况。它使用了 Python——数据科学和机器学习应用最流行的语言之一。我们想对一个（人脸）图像数据集执行数据分析，于是从 CSV 文件载入数据并加以处理。在这个例子中，采用了更具可移植性的方式，而放弃了更具效率地使用数据库的方式。

[①] 原文如此。实际上 Web 应用内容通过纯文本的 HTML 格式呈现，后台存储常常会采用某种数据库。——译者注

代码清单 7-7　在 Python 数据分析任务中，从纯文本文件载入数据

```
From sklearn.datasets import fetch_olivetti_faces
From numpy.random import RandomState


rng = RandomState(0)

# Load faces data
faces, _ = fetch_olivetti_faces(...)
```

在函数 `fetch_olivetti_faces()` 中，我们载入 scikit-learn 的 `Olivettti` `faces` 数据集。这个数据集包括一组人脸图像。在开始正式运算前，载入函数直接读取数据，将其装载到内存里。不需要数据库或层级数据结构。程序功能自足，无须安装数据库或者费劲设置数据库连接。

7.3.7　使用软件杠杆获得优势

使用**杠杆**意味着事半功倍。例如，在金融领域，杠杆意思是借用他人的钱来投资和增值。在大公司里，杠杆可能意味着采用可扩展的经销商网络在全世界门店中铺货。作为程序员，您应当利用前辈们的集体智慧的杠杆作用：在实现复杂功能时使用库，而不是自己从头开发；查阅 StackOverflow 或其他群体智慧来修正代码中的缺陷，或者请其他程序员帮忙评审代码。这些形式的杠杆能让您事半功倍。

第二种杠杆来自算力。计算机能比人类工作得快许多（也便宜许多）。创造更好的软件，与更多人分享，部署更强的算力，更频繁地使用他人的库和软件。好程序员能快速写出好代码，而优秀程序员则博采众长为己所用。

代码清单 7-8 展示了拙著 *Python One-Liners: Write Concise, Eloquent Python Like a Professional* 中的一个例子。这段代码在给定 HTML 文档中寻找所有包含字符串 `'finxter'`，且包含字符串 `'test'` 或 `'puzzle'` 的 URL。

代码清单 7-8　分析网页链接的例子

```
## Dependencies
import re
```

```
## Data
page = '''
<!DOCTYPE html>
<html>
<body>

<h1>My Programming Links</h1>
<a href="https://app.finxter.com/">test your Python skills</a>
<a href="https://blog.finxter.com/recursion/">Learn recursion</a>
<a href="https://nostarch.com/">Great books from NoStarchPress</a>
<a href="http://finxter.com/">Solve more Python puzzles</a>

</body>
</html>
'''

## One-Liner
practice_tests = re.findall("(<a.*?finxter.*?(test|puzzle).*?>)", page)

## Result
print(practice_tests)
# [('<a href="https://app.finxter.com/ ">test your Python skills</a>',
'test'),
# ('<a href="http://finxter.com/">Solve more Python puzzles</a>', 'puzzle')]
```

通过引入 re 库，我们借用了正则表达式的威力，仅仅写上一行代码，就让库中的几千行代码立即为我所用。在成为优秀程序员的路上，杠杆是您强有力的伙伴。在代码中使用库，而不自己实现一切，就像是用软件规划行程，而不是在纸质地图上画出每个细节。

7.3.8　避免使用强制式用户界面

强制式用户界面是那种要求用户在进入主执行流之前必须与程序交互的界面，如 SSH、top、cat、vim 等程序，以及 Python 的 input() 函数之类编程语言特性。强制式用户界面限制了代码易用性，因为它们被设计为必须有人类参与才能工作。但是，实现强制式用户界面的代码对于必须无用户手工互动的自动化程序常常也会有用。粗略而言，如果好代码被用来实现强制式用户界面，那么如果没有用户参与，它就不会被用上。

例如，您用 Python 写了一个简单的寿命测算器，获得用户输入，基于某种经验估测方法，返回剩余寿命。

"如果您没到 85 岁，剩余寿命为 72 减去年龄的 80%。否则，剩余寿命为 22 减去年龄的 20%。"[①]

一开始的 Python 代码大概看起来像是代码清单 7-9 所示的样子。

代码清单 7-9　寿命测算器——基于简单的经验估测——采用强制式用户界面

```python
def your_life_expectancy():
    age = int(input('how old are you? '))

    if age<85:
        exp_years = 72 - 0.8 * age
    else:
        exp_years = 22 - 0.2 * age

    print(f'People your age have on average {exp_years} years left - use them wisely!')

your_life_expectancy()
```

下面是一些运行结果。

```
> how old are you? 10
People your age have on average 64.0 years left - use them wisely!
> how old are you? 20
People your age have on average 56.0 years left - use them wisely!
> how old are you? 77
People your age have on average 10.399999999999999 years left - use them wisely!
```

如果您想试用一下，可以访问 Finxter 网站上的相关页面，不过别太当真。

在代码清单 7-9 中，我们使用了 Python 的 `input()` 函数，在收到用户输入之前，暂停程序执行。用户不输入，代码就什么也不做。这种强制式用户界面限制了代码易用性。假如您想计算从 1 岁到 100 岁每个年龄段的预期寿命，然后绘

[①] 这种经验估测方法（不是代码）来自决策科学新闻（Decision Science News）网站。

制成图形，就要手工输入 100 次，将结果保存到另外一个文件中。然后，您再把
数据复制到一个新脚本中，绘制出图形。就现状而言，代码其实做了两件事：
处理用户输入，计算预期寿命，这也违反了第一条 Unix 原则：每个函数做好一
件事。

要让代码遵从这条原则，我们得分离用户界面与功能，这往往是改进代码的
绝佳做法（见代码清单 7-10）。

代码清单 7-10   寿命测算器——基于简单的经验估测——不采用强制式用户界面

```python
# Functionality
def your_life_expectancy(age):
    if age<85:
        return 72 - 0.8 * age
    return 22 - 0.2 * age



# User Interface
age = int(input('how old are you? '))

# Combine user input with functionality and print result
exp_years = your_life_expectancy(age)
print(f'People your age have on average {exp_years} years left - use them
wisely!')
```

代码清单 7-10 中的代码与代码清单 7-9 中的代码功能上别无二致，但有一个
明显的好处：我们可以在各种情况下使用新函数，甚至在开发者没料到的情况下
使用新函数。在代码清单 7-11 中，我们用该函数计算 0 岁至 99 岁的预期剩余寿
命，并绘制出结果。注意移除用户输入界面后得到的可移植性。

代码清单 7-11   绘制 0 岁到 99 岁的预期剩余寿命

```python
import matplotlib.pyplot as plt



def your_life_expectancy(age):
    '''Returns the expected remaining number of years.'''
    if age<85:
        return 72 - 0.8 * age
    return 22 - 0.2 * age
```

```
# Plot for first 100 years
plt.plot(range(100), [your_life_expectancy(i) for i in range(100)])

# Style plot
plt.xlabel('Age')
plt.ylabel('No. Years Left')
plt.grid()

# Show and save plot
plt.savefig('age_plot.jpg')
plt.savefig('age_plot.pdf')
plt.show()
```

图 7-3 展示了结果图。

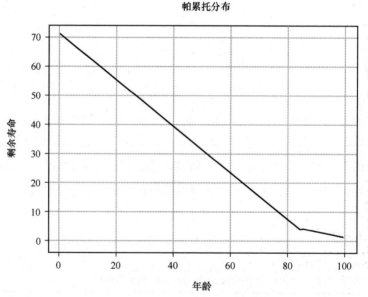

图 7-3 输入 0～99 时的经验估测结果

经验估测必然是粗略的——但这里的重点是避免使用强制式用户界面能够帮助我们让代码绘制出数据图。如果我们没坚持原则，就不能复用原函数 **your_life_expectancy**，因为强制式用户界面需要用户输入 0 到 99。我们遵从该原则，简化了代码，令各种其他程序在未来可以调用，得到估测结果。我们没有为唯一特别用途做优化,而是写了通用代码,可以为数百种不同的应用所使用。何不从中造出一个库呢?

7.3.9　把每个程序都写成过滤器

让每个程序本身已经是过滤器这个观点挺好。过滤器采用具体过滤机制,将输入变换为输出。这让我们可以将一个程序的输出当作另一程序的输入,从而轻松地连接多个程序,显著提升代码的可复用性。例如,一般来说,在函数里输出计算结果不是好做法。这条原则主张,程序应返回一个可被输出、保存到文件或者作为其他程序输入的字符串。

例如,对列表排序的程序可以作为一个过滤器,将未排序的元素过滤为排好序的元素,如代码清单 7-12 所示。

代码清单 7-12　这个插入排序算法将未排序的列表过滤为排好序的列表

```python
def insert_sort(lst):

    # Check if the list is empty
    if not lst:
        return []

    # Start with sorted 1-element list
    new = [lst[0]]

    # Insert each remaining element
    for x in lst[1:]:
        i = 0
        while i<len(new) and x>new[i]:
            i = i + 1
        new.insert(i, x)

    return new


print(insert_sort([42, 11, 44, 33, 1]))
print(insert_sort([0, 0, 0, 1]))
print(insert_sort([4, 3, 2, 1]))
```

该算法创建一个新列表，将元素逐个放到列表中左边的元素都较小的位置。函数使用了复杂的过滤器，改变元素顺序，将输入列表变换为排好序的输出列表。

如果程序已经是过滤器，您就该按照直观的输入/输出映射方式来设计它。下面来详细阐释。

过滤器的黄金标准是**同质输入/输出映射**，即输入的类型映射为相同的输出的类型。例如，如果有人和您用英语交谈，他会期待您以英语作答——而不是用其他语言。同样，如果函数接受输入参数，那么调用者会期待得到函数返回值。如果程序从文件读入数据，那么调用者会期待输出为文件。如果程序从标准输入接口读取输入，那么它就该输出到标准输出接口。您懂的：设计过滤器最符合直觉的方式是保持同样的数据类别。

代码清单 7-13 展示了同质输入/输出映射的反例。我们构建 average()函数，将输入参数变化为其平均值，但不返回算好的平均值，而是将结果输出到 shell。

代码清单 7-13　同质输入/输出映射的反例

```python
def average(*args):
    print(sum(args)/len(args))



average(1, 2, 3)
# 2.0
```

代码清单 7-14 展示了更好的做法。函数 average()返回平均值（同质输入/输出映射），您可以在 print()函数中将其输出到标准输出接口。这样做更好，因为您能够不输出，而是将其写到文件中，或者甚至将其作为另一个函数的输入。

代码清单 7-14　同质输入/输出映射的正例

```python
def average(*args):
    return sum(args)/len(args)



avg = average(1, 2, 3)
print(avg)
# 2.0
```

对，有些程序会将输入过滤为不同类别的输出。例如，将文件写到标准输出界面，或者将英语翻译为西班牙语。但这些程序应当遵守做好一件事原则（见 Unix 哲学第一条），不做其他事。要编写符合直觉和自然的程序，黄金标准就是——将其设计为过滤器。

7.3.10　更差即更好

这条原则认为，编写较少功能的代码常常是较好的实践做法。资源有限时，最好先发布没那么好的产品，而不是一直挣扎改进。LISP 发明人理查德·加布里埃尔（Richard Gabriel）于 20 世纪 80 年代末提出这条原则。它近似第 3 章谈到的 MVP 原则。别只从字面上看待这条反直觉的原则。从定性角度看，更差并不会更好。如果您拥有无限的时间和资源，最好总是把程序写到完美为止。然而，在有资源限制的世界中，先发布差一些的东西常常更有效率。粗糙而直截了当的解决方案让您获得先发优势，从早期用户那里得到快速反馈，在软件开发过程中更早地获取动力与关注。许多从业者认为，排名第二的竞争者需要投入多得多的努力与资源，才能打造出优越许多的产品，从首发者那里抢到用户。

7.3.11　整洁代码胜于机灵代码

我稍稍修改了 Unix 哲学中的"**明确胜于机灵**"原则，首先更关注编程代码原则，其次使其与您已学到的**整洁代码编写方法**（见第 4 章）相关联。

这条原则聚焦于整洁代码与机灵代码之间的权衡：机灵代码不应以牺牲简洁性为代价。

不妨看看代码清单 7-15 中的简单冒泡排序算法。冒泡排序算法遍历列表，交换两个未排序元素的位置：较小的元素放左边，较大的元素放右边。每执行一次，列表元素就更有序一些。

代码清单 7-15　Python 的冒泡排序算法

```python
def bubblesort(l):
    for boundary in range(len(l)-1, 0, -1):
        for i in range(boundary):
```

```
        if l[i] > l[i+1]:
            l[i], l[i+1] = l[i+1], l[i]
    return l

l = [5, 3, 4, 1, 2, 0]
print(bubblesort(l))
# [0, 1, 2, 3, 4, 5]
```

代码清单 7-15 中的算法清晰易懂，达成目标的同时也没写不必要的代码。

假设您有位聪慧的同事认为，您可以使用**条件赋值**来表示 if 语句，减少一行代码，缩小代码体积（见代码清单 7-16）。

代码清单 7-16　Python“机灵版”冒泡排序算法

```
def bubblesort_clever(l):
    for boundary in range(len(l)-1, 0, -1):
        for i in range(boundary):
            l[i], l[i+1] = (l[i+1], l[i]) if l[i] > l[i+1] else (l[i], l[i+1])
    return l


print(bubblesort_clever(l))
# [0, 1, 2, 3, 4, 5]
```

这套花招儿并没有改进代码，反而降低了可读性和明确性。条件赋值特性也许有其高妙之处，但却要以牺牲用整洁代码表达意图为代价。关于编写整洁代码的更多提示，请参阅第 4 章。

7.3.12　将程序设计成能与其他程序相连接

您的程序并不能隔绝于世。程序可能被人类或其他程序调用，执行任务。所以您需要设计 API，使其与外部世界（用户或其他程序）共同工作。遵从 Unix 哲学第 9 条，**把程序写成过滤器**，确保输入/输出映射符合直觉，您就已经在设计可连接的程序，而不是令程序之间老死不相往来。优秀的程序员既是架构师，也是工匠。他们的程序组合了各种新旧函数，以及其他人的程序。因此，编程接口能够成为开发周期的前沿和中心。

7.3.13　编写健壮的代码

如果代码不易被破坏，那它就是**健壮的**代码。代码健壮性体现在两个方面：程序员角度和用户角度。

作为程序员，您修改代码时可能就会破坏它。如果连粗心的程序员都可以修改代码，且不会轻易破坏其功能，这样的代码就**强固到足以应对修改**。比如说，您有一套体积庞大、功能齐备的代码块，组织中每位程序员都**有权限对其进行编辑**。每个小改动都可能对整体产生破坏。拿这套代码块与 Netflix 或谷歌等组织开发的代码做比较，它们的代码一经修改，在部署到真实世界之前要经过多层审批，每个修改都会被彻底测试，以确保不会对已部署的代码产生破坏。谷歌和 Netflix 给代码添加多层保护，让代码比那些脆弱、大一统的代码库更为强固。

令代码保持强固的方法之一是控制访问权限，开发者作出的修改必须经另一人验证，确保修改增加了价值、不破坏代码，这样就不至于造成损坏。这样做的代价可能是开发过程没那么敏捷，但如果您不是一个人创业，就值得付出这样的代价。您已经在本书中看到保障代码强固性的其他方法：小即是美，创建做好一件事的函数，采用测试驱动开发，保持简单。此外还有一些便于应用的技术，如下所列。

- 使用 Git 之类版本系统，保证能够恢复之前的代码版本。
- 定期备份应用数据，使其可被恢复（数据不在版本系统管理范围）。
- 使用分布式系统，避免单点故障：在多台计算机上运行应用，降低因机器故障对应用产生负面影响的可能性。如果单台机器故障率为每天 1%——每 100 天就会出问题。创建由 5 台机器组成的分布式系统，因为机器故障彼此无关，故障概率就会急剧下降到 $0.01^5 \times 100\% = 0.000,000,01\%$。

对于用户而言，如果您不能通过错误甚至有害的输入轻易破坏应用，那么应用就够强固。设想一下，用户像是一群挥舞着键盘的大猩猩，随意提交乱敲出来的字符，而黑客高手则比您还懂您的应用，随时可以攻击哪怕是最小的安全问题。您的应用必须强固到足以对抗这两类用户。

前一类用户相对容易对付。单元测试是一种强有力的工具：用您能想到的每种输入（尤其是边界条件）去测试每个函数。例如，如果函数接受整数输入，计算其平方根，就检查它能否处理参数为负数和 0 的情况，因为未得到处理的异常会破坏可靠、简单、可链接程序的链条。然而，本书技术审校、安全专家诺厄·施潘提醒我，未得到处理的异常会带来另一个小问题：通过输入来破坏程序，可能成为攻击者侵入宿主操作系统的跳板。所以，检查您的程序是否具备处理所有类型输入的能力，从而让您的代码更强固。

7.3.14　尽量修复——但尽早曝露失败

虽然您应当尽量修复代码中的问题，但不应隐藏无法修复的错误。隐藏的错误会很快恶化，隐藏时间越长，问题就越大。

错误会累积。比方说，假如辅助驾驶应用中的语音识别系统输入了错误的训练数据，将两个截然不同的语音波形归类为同一个单词（见图 7-4），那么您的代码就会错误地将两个完全不同的语音波形映射为同一个英语单词（这种错误可能发生在您试图将相互矛盾的信息保存到将英语单词映射为语音波形的倒排索引中时）。您有两种写代码的方法：隐藏错误，或是将错误曝露给应用程序、用户或程序员。许多程序员不假思索地想对用户隐藏错误信息，意图提升易用性。这不是最理智的做法。错误消息应当携带有用的信息，如果您的代码能早一些让您察觉问题发生，您就能提早想出解决方案。您最好在恶果累积、损失数百万美元甚至伤害人类生命之前就有所警觉。

与其秘而不宣，不如将修正不了的错误显示给用户看，即便用户并不乐意见到错误信息，而且应用的易用性也会降低。还有个办法是在错误变得尾大不掉之前一直藏着它。

继续以错误训练数据为例。代码清单 7-17 展示了 Python 的 classify() 函数接受输入参数——要分类的波形——然后返回相应英语单词的例子。假设您实现了 duplicate_check(wave, word) 函数，检查数据库中差异极大的波形会不会在使用 wave 和 word 配对时导致归类为同一单词。在这种情况下，分类出现混淆，因为两个完全不同的波形映射到了同一英语单词，而您就该通过发布 ClassificationError 来告知用户，而不是返回随便猜的单词。对，用户会感到恼怒，但起码他们有机会把握错误造成的后果。**尽量修复——但尽早曝露失败。**

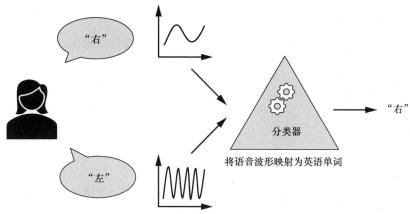

图 7-4　训练阶段的分类操作将两个不同的语音波形映射为同一英语单词

代码清单 7-17　当波形无法准确归类时，曝露失败，而不是随便猜个结果

```
def classify(wave):
    # Do the classification
    word = wave_to_word(wave) # to be implemented

    # Check if another wave
    # results in the same word
    if duplicate_check(wave, word):

        # Do not return a random guess
        # and hide the error!
        raise ClassificationError('Not Understood')


    return word
```

7.3.15　避免手工操作——尽量编写能写程序的程序

这条原则认为，既然人类出了名地容易犯错，尤其是在进行重复和枯燥的活动时容易犯错，那么可以自动生成代码时**就要**自动生成代码。有很多办法做到——实际上，Python 等现代高级编程语言就是通过这种程序编译为机器代码。这些编译器的创造者通过编写能写程序的程序，帮助高级语言编程者无需操心底层硬件编程语言就能创建各种类型的应用软件。没有这些写程序的程序，计算机行业将会停留在低幼时期。

如今，代码生成器和编译器已经生产出大量源代码。我们从另一思考角度来检验这条原则。今天，机器学习和人工智能技术将编写程序来编写程序的概念提升到了新层次。智能机器（机器学习模型）由人类组装，而后基于数据自行重写（和调优）。技术上，机器学习模型是一种不断重写自身、直至其行为使一组适应函数（通常由人类设置）达到最大化为止。当机器学习渗透（甚至盛行于）计算机科学的更多领域中时，这条原则在现代计算中越来越重要。人类程序员仍然还会在使用这些强有力工具时扮演主要角色。毕竟编译器还没能替代人类劳动，而是开启了人类程序员创建应用的一个新世界。我预期同样的情形会发生在编程领域：机器学习工程师和软件架构师通过连接机器学习模型等较低层次程序来设计先进应用。嗯，这是关于这个话题的一种观点——您的观点也许更乐观或没那么乐观。

7.4　小结

在本章中，您学习了 Unix 创造者们设计的 15 条写出更好代码的原则。这些原则值得重申——请通读以下列表，同时思考如何将每条原则应用于您手头的项目中。

- 每个函数做好一件事。
- 简单胜于复杂。
- 小即是美。
- 尽快打造原型。
- 可移植性胜于效率。
- 在纯文本文件中保存数据。
- 使用软件杠杆获得优势
- 避免强制式用户界面。
- 把每个程序都写成过滤器。
- 更差即更好。

- 整洁代码胜于机灵代码。
- 将程序设计成能与其他程序相连接。
- 编写强固的代码。
- 尽量修复——但尽早曝露失败。
- 编写写程序的程序。

在下一章中，您将学习极简主义对设计的影响，以及它如何帮助您设计通过减少操作来取悦用户的程序。

7.5　资料

Mike Gancarz. The Unix Philosophy. Boston: Digital Press, 1994.

Eric Raymond. The Art of Unix. Boston: Addison-Wesley, 2004.

第8章 | 设计中的
少即是多

简洁是程序员的生存之道。虽然您未必视自己为设计师，但您确有机会在编程生涯中创造许多用户接口。无论您是作为数据科学家打造富有吸引力的面板，还是作为数据库工程师制作易于使用的 API，或者是作为区块链开发者构建向智能合约填充数据的简单网页前端，对基础设计原则的了解都能令您和您所在团队转危为安——而且这些原则还很容易掌握。本章中谈及的设计原则放之四海而皆准。

具体而言，您将探索计算机科学中一个最受益于极简主义思维方式的重要领域：设计和用户体验。要了解极简主义对于设计和用户体验的重要性，请思考雅虎搜索与谷歌搜索的差异、黑莓与 iPhone 的差异、Facebook Dating 与 Tinder 的差异：胜利者往往采用了极度简单的用户界面。这是不是意味着，在设计中，少即是多？

我们先快速看一些受益于其作者直指核心的作品。然后，我们来讨论您如何在自己的设计中贯彻极简主义。

8.1　移动电话演进过程中的极简主义

考察移动电话演进过程，可以看到计算设计中极简主义的典型例子（见图 8-1）。诺基亚于 20 世纪 80 年代发布了最早的商用"移动"电话 Mobira Senator，重达 10 千克，结构相当复杂，很难手持。一年后，摩托罗拉推出 DynaTAC 8000X，重量剧减至 1 千克。诺基亚被迫应战，于 1992 年推出仅有 DynaTAC 8000X 一半重量的 1011 机型。大约 10 年之后的 2000 年，因应摩尔定律，诺基亚凭借仅重

88 克的 3310 机型大获成功。移动电话技术越来越复杂，其用户界面（包括尺寸、重量甚至按钮数量）反而越来越简单。移动电话的演进证明，即便应用复杂度大幅增加，极简设计仍然可行。甚至可以说，极简设计为智能手机应用的成功及其在当今世界中的普遍使用铺平了道路。用诺基亚 Senator 浏览网页、使用地图服务或是传送视频消息是多么困难的事啊！

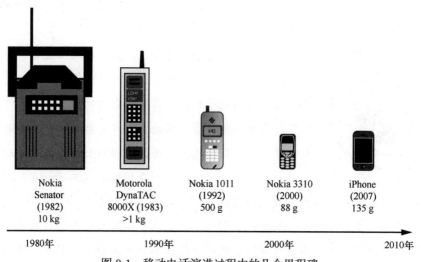

图 8-1   移动电话演进过程中的几个里程碑

除了智能手机外，极简设计在其他许多产品中也有体现。诸多公司使用极简设计来改进用户体验，创建功能聚焦的应用。还有什么比谷歌搜索引擎更适合用来举例呢？

8.2   搜索中的极简主义

在图 8-2 中，我粗略描绘了一种极简设计。谷歌及其模仿者们采用类似设计方式，将主要用户界面设计为通往万维网的极简之门。毫无疑问，极简和整洁的设计并非偶然得之。每天有数以十亿计的用户访问首页。它大概可以算是万维网上的主力"地产"。谷歌首页上的一个小幅广告能够带来数十亿次点击，而且会为谷歌带来数十亿美元的营收，但谷歌没有任由这些广告将首页切割得七零八落，而是放弃了短期营收机会——公司管理层明白，通过极简设计来表达对品牌完整性和功能聚焦的坚持，价值远远大于通过出售这幅"地产"所获的收益。

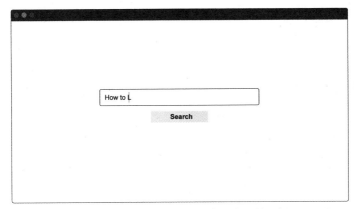

图 8-2　拥有极简设计的现代搜索引擎一例

拿这个整洁、功能聚焦的设计与必应或雅虎充分利用主力"地产"的设计相比较（见图 8-3）。

图 8-3　是搜索引擎还是新闻聚合网站

甚至对于提供基础搜索功能的网站，雅虎等公司也走了同一条路：将值钱的"地产"切得七零八落，塞上新闻和广告，获得最大化的短期营收。但这样的营收不能持续，因为这种设计赶走了带来营收的商品：用户。易用性降低导致竞争劣势，并持续侵蚀用户的习惯性搜索行为。与搜索无关的任何其他网站元素都是对用户的认知挑战。用户必须对引人注目的头条标题、广告和图像视而不见。平顺搜索体验是谷歌持续获取市场份额的原因之一。争斗尚未结束，但在过去几十年中，功能聚焦搜索引擎的日益普及表明了极简和聚焦设计的优越性。

8.3 拟物设计

谷歌开发并仍然坚守的拟物设计（material design）理念和设计语言，描述了一种根据用户已经直观理解的内容来组织和设计屏幕元素的方法：模拟物理世界元素，如纸、卡片、笔和阴影。图 8-3 展示了拟物设计的例子。网页被划分为多个卡片，每个卡片代表一块内容，形成由标题文字和图片组成的报纸形态。即便在 2D 屏幕上那些 3D 效果纯属虚幻，网站的外观和给人的感受都近乎实物。

图 8-4 比较了左侧的拟物设计和右侧去除了不必要元素的非拟物设计。您可能会认为，非拟物设计较为简洁，某种意义上您说得对。非拟物设计占用空间较少，使用的颜色和阴影之类非功能性视觉元素也较少。然而，非拟物设计缺少边界和符合人类直觉的熟悉布局，常常比较容易令读者困惑。真正的极简主义永远利用较少的高代价资源完成同样任务。有时，这意味着减少网站上的视觉元素。有时，这意味着添加元素，减少用户思考时间。经验之谈：用户时间是比屏幕空间更为稀缺的资源。

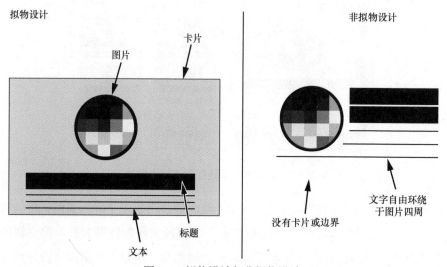

图 8-4 拟物设计与非拟物设计

您可以在 material.io 网站找到对拟物设计的完整介绍和许多出色的案例。新设计系统会涌现，用户也会越来越习惯于数字式工作，所以拟物也许对于下一代计算机用户变得没那么有用。现在,只要记住极简主义要求细致考虑以下相关资源:时间、空间和金钱——而且您必须根据应用需求来综合权衡。总而言之,极简设计去除所有非必要元素,得到多半能取悦用户的漂亮产品。

下面,您将学习如何实现。

8.4 如何实现极简设计

在本节中,您将学习一些实现功能聚焦和极简设计的技术提示和方法。

8.4.1 留白

留白是极简设计的关键手段之一。在应用中添加空白看起来好像浪费了有价值的"地产"。您恨不得充分利用高流量网站的每一寸位置,对吧?可以用来打广告,吆喝着卖出更多产品,宣传有关价值主张的其他信息,或者做个性化推荐。应用越成功,利益相关者就越会争取他们能搞到的每一眼关注,多半不会有人要求您从应用中移除非空白元素。

考虑使用"减法"未必那么自然而然;不过,用留白替代设计元素能改善明确度,得到更聚焦的用户体验。许多成功的公司通过设法使用留白来突出重点,保持聚焦和直观。例如,谷歌首页使用大量留白,苹果在呈现产品时也使用大量留白。思考与用户有关的问题时,记住:让用户迷惑,用户就会流失。留白提升了用户界面的清晰度。

图 8-5 展示了一个在线比萨饼外卖服务的简单设计思路。留白突出了主要功能:让顾客买比萨饼。不幸的是,比萨饼外卖服务很少会大胆地以如此极端的方式使用留白。

留白也能让文字更显眼。图 8-6 比较了两种段落格式化方式。

图 8-6 中,左侧方案尤其不便于阅读。一方面,右侧方案加入了空白,改进了可读性和用户体验:右侧方案加入了围绕文本块的白边、段落缩进、增大行距、段前段后空白,字体也更大。额外占用的空间微不足道:页面滚动不值钱,数字化出版不会需要砍伐更多的树木来造纸。另一方面,收益货真价实:网站或应用的用户体验显著提升了。

图 8-5　使用大量留白

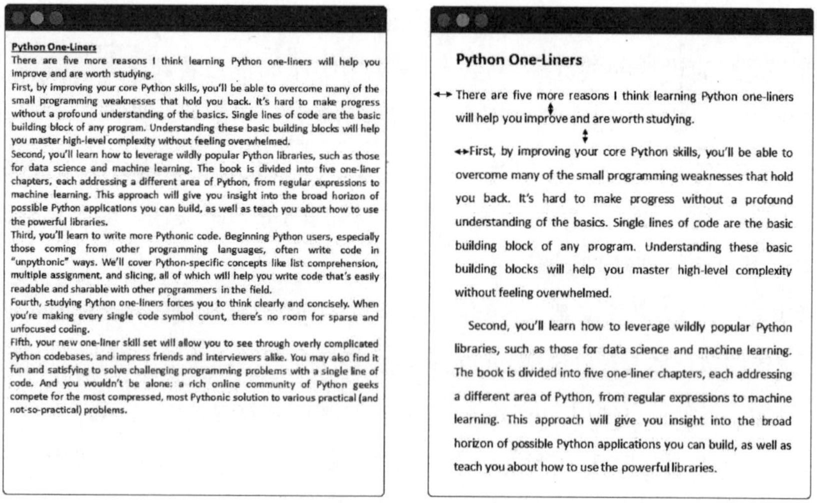

图 8-6　文本中的留白

8.4.2　去除设计元素

这条原则很简单：逐个审视设计元素，只要有可能就丢弃它。**设计元素**是用户界面上的可见元素，如菜单项、引导、特性列表、按钮、图像、线框、阴影、填写项、弹出窗口、视频，以及其他一切在用户界面中占据"地产"的元素。检视每个设计元素，问问自己：**我能去掉它吗？**您会惊异于有那么多次答案都是"**可以**"。

别搞错——去除设计元素并不容易！您花了时间和精力创建这些元素，沉没成本

偏差使您倾向于坚持自己的创作成果，即便它们并不必要。图 8-7 展示了一个理想化
修改流程。在这一流程中，您可以根据每个元素在用户体验中的重要性将其归类。

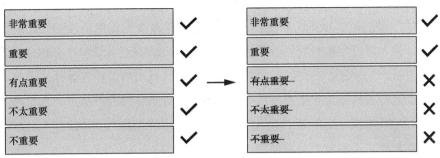

图 8-7 理想化的编辑流程

图 8-8 展示了将杂乱设计修改为极简设计的例子。左边是您见惯的在线比萨
饼外卖服务下单页面。有些元素非常重要，例如要投送的地址和下单按钮，但细
节过多的食材列表和"What's New?"信息框等元素则没那么重要。右边是修改
后的下单页。我们去除了不必要的元素，聚焦于最受欢迎的加购产品，将食材列
表与页面标题合二为一，表格标签放置到填写区域里。这样做，我们就能增加留
白空间，甚至放大非常重要的设计元素：美味比萨饼的图片。杂乱感减少，聚焦
感增加，用户体验得到提升，很可能会提高下单页的转化率。

（a）有许多设计元素，不聚焦的下单页　（b）去除不必要设计元素，聚焦的下单页

图 8-8 去除非重要元素

8.4.3　移除特性

实现极简设计的最好方式是从应用中移除全部特性。在第 3 章关于创建 MVP 的内容中，您已经学习到这个概念。MVP 只包括最少数量的所需特性，用来验证设想。最大限度地减少特性数量同样有助于帮助既有业务调整产品供应重点。

随着时间的推移，应用特性会堆积起来——这就是所谓**特性蔓延**。因此，越来越多资源得转移到维护既有特性上。特性蔓延导致软件变得臃肿，而臃肿的软件导致欠下技术债。这削弱了组织的敏捷性。移除特性是为了释放精力、时间和资源，重新投资于对用户最重要的少数特性。

特性蔓延及其对易用性产生有害影响的典型代表是雅虎、美国在线和 MySpace。它们在用户界面上堆了太多东西，莫名其妙地失去了功能聚焦的产品。

而世界上最成功的那些产品则保持初心，坚拒特性蔓延（即便看起来不像是特性蔓延）。微软通过打造**聚焦产品**成为超级成功公司，可谓绝佳范例。业界普遍认为，Windows 等微软产品速度慢，效率低下，而且加载了太多特性。但事实并非如此，**您只看到最终结果**，没看到微软已经移除的无数特性。虽然微软规模庞大，但就其规模而言，其实非常专注。每天，数以十万计的程序在写着微软的新代码。以下是曾供职于苹果和微软的著名工程师埃里克·特劳特（Eric Traut）对微软在软件工程上聚焦核心的看法：

很多人认为 Windows 是庞大、臃肿的操作系统。我不得不承认，这种说法有其道理。Windows 很大，Windows 包含很多东西。但就其核心而言，内核及构成操作系统最核心部分的组件其实相当精简。

总之，在创建有许多用户长期使用的应用时，移除特性必须是日常工作的核心内容，因为它能释放资源、时间、精力和用户界面上的空间。释放出来的资源、时间、精力和用户界面空间可以重新投入到对重要特性的改进中。

8.4.4　减少字体和颜色

变化越多，就越复杂。用太多字体、字号和颜色，就会引起用户的认知摩擦，增加用户界面感知复杂性，葬送明确性。作为极简主义程序员，您不会愿意让应用造成这些心理影响。高效的极简设计往往只使用一两种字体、一两种颜色和一两种字号。图 8-9 体现了对字体、字号、颜色和对比度的一致和极简使用。也就是说，请注意，要在各个层面上做到聚焦与极简，有多种设计手段和实现方法。例如，极简设计也可能使用多种颜色令应用多彩好玩，脱颖而出。

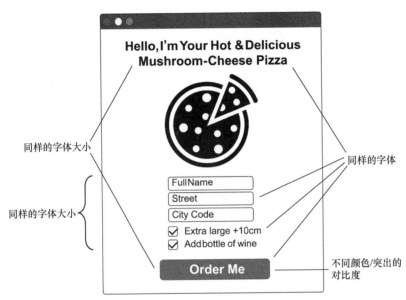

图 8-9 字号、字体、颜色和对比度的极简用法

8.4.5 一以贯之

应用往往不只有一个用户界面，而是需要用一系列界面来与用户交互。这引领我们走向极简设计的另一维度：**一致性**。所谓一致性，即在应用中尽量减少设计变化。一致性确保应用看起来是个整体，而不是在每个交互步骤都给用户呈现看上去和感觉起来不同的界面。例如，苹果有浏览器、健康、地图等许多 iPhone 应用，风格全都类似，一看就知道是苹果产品。采用一以贯之的设计对于不同应用的开发者可能是个挑战，但对于苹果品牌力却极度重要。为了保证品牌的一致性，软件公司会发布**品牌指引**（brand guidelines），要求开发者遵循。请确保在开发您自己的应用时照此办理。可以通过使用模板和层叠样式表来实现风格的一致性。

8.5　小结

本章以苹果和谷歌等成功软件公司为例，集中讨论了极简主义设计师如何主宰了设计世界。通常而言，领先科技和用户界面都极为简洁。未来怎样无人能知，但看起来语音识别和虚拟现实的广泛应用会导致更为简洁的用户界面。极致的极简设计没有视觉界面。普适计算方兴未艾——Alexa 和 Siri 就是代表——我想，在未来十年中，我们会看到更简洁和聚焦的用户界面。所以，对于本章开始处的问题，答案就是：**对，少即是多！**

在下一章（也是本书最后一章）中，我们将通过讨论专注及其与当今程序员的关系来终结本书。

## 第 9 章

专注

9

在这个短章中，您将快速浏览本书中最重要的一课：如何专注。本书开篇时讨论了复杂性这个许多生产力妨碍因素的源头。在这里，我们将总结如何根据您在本书中学到的知识来解决复杂性问题。

9.1　对抗复杂性的武器

本书认为，复杂性会导致混乱。混乱是专注的反面，要解决复杂性带来的问题，您得使用"**专注**"这个强有力的武器。

为了证明这一观点的合理性，我们来看看关于**熵**的科学概念。熵在热力学和信息论等科学领域中广为人知。熵定义了系统中随机性、无序性和不确定性的程度。高熵意味着高随机性和混沌。低熵意味着秩序与可预测性。熵是著名的热力学第二定律的核心。该定律指出，**系统的熵随时间推移而增加——从而导致高熵状态**。

图 9-1 以固定数量粒子的排列为例来描述熵。在左边，您可以看到低熵状态，粒子结构类似房屋。每个粒子的位置都可预测，遵循更高层级的顺序和结构。粒子排列方式符合某种更大的计划。在右边，您可以看到高熵状态：房屋结构崩塌了，粒子排列模式失去了秩序，让位于混乱。随着时间的推移——如果没有外部力量施加能量来减少熵——熵就会增加，所有秩序都会被毁坏。废弃的城堡就是

热力学第二定律的例子。您可能会问：热力学与编码生产力有何关系？等一会儿您就会知道。我们接着思考第一原则。

低熵

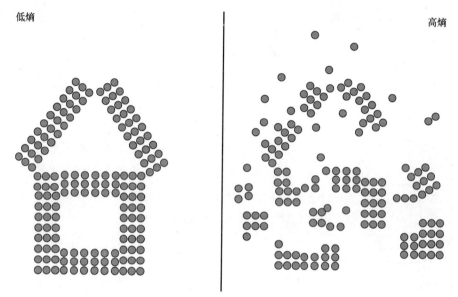

高熵

图 9-1　低熵和高熵状态的对比

生产意味着创造某种东西，无论是建房、写书，还是写软件应用。基本上，要拥有高产出，您就得**减少熵**，让资源能够以有利于更大计划的方式组织起来。

图 9-2 展示了熵与生产力的关系。您既是创造者，也是建造者。您取得原始资源，将它们从高熵状态移到低熵状态，集中精力实现更大的计划。正是如此！这是生活中获得超级生产力和成功的秘诀和一切所需：花时间细致规划行动阶段，设定具体目标，设计工作习惯和行动步骤，得到想要的结果。然后，将您所有资源——时间、精力、金钱和人——**聚于一处**，直至计划达成。

这听起来是小事一桩，但大多数人都没做对。他们也许从未将努力聚焦于想法的实现，所以想法永远只停留于头脑中。另一些人过一天算一天，从不计划新事物。只有细致规划并且集中精力，才能成为有生产力的人。所以，想打造任何东西，比如智能手机应用，您就必须通过计划和集中精力来给混乱带来秩序，直至实现目标为止。

如果真那么简单，为何还是有人做不到？如您猜到的那样，主要问题是复杂性，而复杂性通常来自不够专注。如果您有多个计划，而且任由计划随意更改，那么，在向着目标走了几步之后，您就会全盘放弃。唯有专注于一个计划足够长时间，您才能实现目标。这对小目标有用（例如读书，您已经几乎快读完这本书了！），对大目标也有用（例如编写和发布您的第一个应用）。专注是必须的一环。

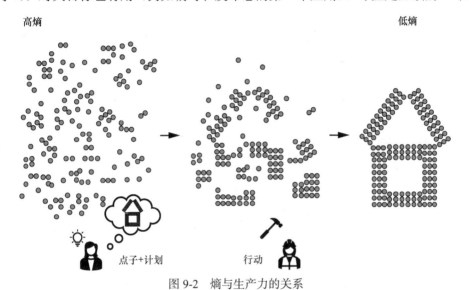

图 9-2　熵与生产力的关系

图 9-3 用图形化手段简单明了地解释了专注的威力。

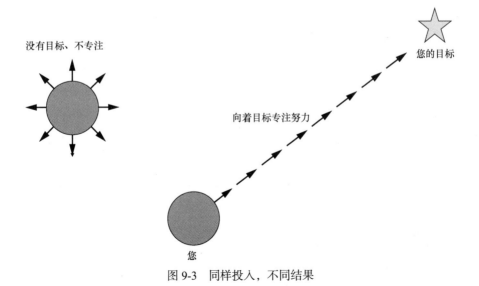

图 9-3　同样投入，不同结果

时间和精力有限。假设您每天只有 8 小时全力投入的时间。您可以决定如何
使用这些时间。多数人会做许多事,每件事投入很少时间。例如,鲍勃也许会花
1 小时开会,花 1 小时编码,花 1 小时浏览社交媒体,花 1 小时讨论项目,花 1
小时闲聊,花 1 小时编辑代码文档,花 1 小时考虑新项目,还有 1 小时花在写小
说上。因为鲍勃在每件事上只投入了那么少的时间,所以他很有可能在这些事上
都只能得到一般的结果。爱丽丝也许花 8 小时只做一件事:编程,且每日如此。
她向着发布成功应用的目标快速前进。她在少数事情上成绩出色,而不是事事平
庸。实际上,她只擅长于一种强大技能:编程。朝向目标进发的步伐不可阻挡。

9.2　统一原则

我刚开始动笔写这本书时,认为“专注”只是诸多生产力原则中的一条,但
很快我就意识到,“专注”统一了本书谈及的所有原则。我们一起来看看。

9.2.1　80/20 原则

专注于关键少数:记住,20%的投入带来 80%的产出,忽略琐碎多数,能提
升一个到两个数量级的生产力。

9.2.2　打造最小可行产品

每次专注于求证一种假设,从而降低产品复杂度和特性陡升度,最大程度加
速产品—市场契合进程。在着手写代码之前,想清楚用户需求假设。摈弃绝对需
要之外的特性。少即是多!花更多时间考虑实现什么特性,而不是真的去实现这
些特性。快速和频繁地发布 MVP,通过测试和逐渐添加特性来改进。使用对照
测试评估两种产品形式的反馈,摈弃不能改进关键用户指标的特性。

9.2.3　编写整洁和简单的代码

复杂性会拖慢理解代码的速度,增加出错风险。如我们从罗伯特·C.马丁那

里学到的，"阅读时间与编写时间的比例远远超过 10∶1。作为编写新代码的一部分，我们不断阅读旧代码。" 让代码易于阅读，写新代码就更为简单。在名著《英文写作指南》（*The Elements of Style*）中，作者斯特伦克（Strunk）和怀特（White）提出改进写作的恒久法门：**省去不必要的词句**。建议您将这条原则扩展到编程领域，省去不必要的代码。

9.2.4 过早优化是万恶之源

将优化工作专注于能体现优化重要性的地方。过早优化会把有价值的资源放在最终被证明没有必要的代码优化上。如高德纳告诉我们的，"我们应当忘掉影响范围较小的效率问题（大概会占全部效率问题的 97%）：过早优化是万恶之源。"我讨论了 6 条性能调优提示：使用指标来对比，考虑 80/20 原则，投资于改进算法，应用少即是多原则，缓存重复计算结果，以及懂得何时停止——所有这些都可以一言以蔽之：**专注**。

9.2.5 心流

心流是一种完全投入于手头任务的状态——您既专注又专心。心流研究者米哈伊·契克森米哈给出了达成心流状态的三种条件：目标必须明确，每行代码都让您离项目成功完成更近一步；必须有及时、合理的环境反馈机制，找人来审查您的工作，遵循 MVP 原则；机会与能力之间有平衡点，如果任务太容易，您就会失去兴奋感，如果任务太困难，您就会早早投降。遵循上述要求，您就更有可能达到纯粹的心流状态。每天问问自己：**今天我该做些什么来推动我的软件提升一个层次**？问题很有挑战性，但并非无法回答。

9.2.6 做好一件事（Unix）

Unix 哲学的基本观念是打造简明、精练、易于扩展和维护的模块化代码。这可以有许多意义，但目的是通过优先考虑人类而非计算机效率，让许多人能够在代码库上一起工作，支持可组合性而非大一统设计。每个函数只专注于一个目的。

您已学到 15 条有关编写更好代码的 Unix 原则，包括小即是美、每个函数只做好一件事、尽快打造原型，以及尽早曝露失败。只要把**专注**原则放在首位，您就会自然而然遵循这些原则，而不必记住其中每一条。

9.2.7 设计中的少即是多

采用极简主义，专注于您的设计。思考雅虎搜索与谷歌搜索的差异、黑莓与 iPhone 的差异、OkCupid 与 Tinder 的差异：赢家往往是那些拥有极简用户界面的科技产品。通过采用极简网页或应用设计，您就能专注于您最擅长的那件事。将用户注意力集中在您产品提供的独特价值上。

9.3 小结

复杂性是您的敌人，因为它令熵极大化。作为建造者与创造者，您要尽量减少熵：创造的纯粹行为之一就是尽量减少熵。您通过专注来实现这一目标。专注是每个创造者的成功秘诀。记住，沃伦·巴菲特和比尔·盖茨都认为自己的成功秘诀是**专注**。

为了在工作中实现专注，问您自己以下问题。

- 我想专注于哪个软件项目？
- 为了打造 MVP，我想专注于实现哪些特性？
- 为了验证软件可行性，我能实现的最少设计元素有多少数量？
- 谁会使用我的产品？为什么？
- 我能移除哪些代码？
- 我写的函数都只做好一件事了吗？
- 我怎么才能花更少的时间得到同样的结果？

如果您不断问自己这些问题或是其他类似有关专注的问题，您在这本书上花的钱和时间就物有所值了。

作 者 来 信

您已读完整本书，深入了解到如何实际提高编程技能。您已学习了编写整洁和简单代码的技术，以及成为成功从业者的策略。

请允许我用几句话来结束本书！

了解复杂性难题后，您可能会问：如果简化是如此威力巨大，为何不是每个人都这样做？问题在于，简化虽然有很多好处，但也需要极大的勇气、精力与意志力。大大小小各种机构都常常会坚拒精简。有人专职实现、维护和管理特性，他们也常常会拼尽全力保住工作成果，哪怕他们知道这些工作成果无足轻重。问题在于厌恶损失——很难放弃哪怕只提供了最轻微价值的东西。这就是要斗争的事。我从未后悔过这辈子采取过的任何简化措施。物必有所值，但重要的是考虑您要付出多少才能获得这点价值。我开始做 Finxter 教学网站时，主动决定戒掉社交媒体，而且立即看到，省下来的时间花在工作上，获得了显著、积极的成果。简化不仅有利于编码，也有利于生活中一切其他活动。它有能力让生活既更有效率也更平静。希望读完本书之后，您能更接受简化与专注。如果您下定决心走简化路线，那么您并不孤单：阿尔伯特·爱因斯坦（Albert Einstein）相信，"简单而谦逊是对每个人身心两方面都最好的生活方式"。亨利·戴维·梭罗（Henry David Thoreau）总结道："简！简！简！只做二三事，不做百千事。"孔子认为，"吾生也简，徒令之繁"[①]。

为了帮助您持续简化，我做了一份概要单页。您可以在 Finxter 网站下载，打印出来，贴到办公室墙上。欢迎注册 Finxter 电邮学院，参加免费的编程简短

---

① 原文为 Life is really simple, but we insist on making it complicated. 这句"孔子名言"在西方流传甚广，实际上孔子并没有说过。有人认为这句话源自《唐书·陆象先传》：天下本无事，庸人扰之为烦耳。——译者注

课程——我们通常专注于 Python、数据科学、区块链开发或机器学习等令人兴奋的技术，但也会探讨与极简主义、自由职业、商业策略有关的生产力提示和技巧。

  在您离开前，请允许我对您花这么多时间阅读深表谢意。我的人生目标是帮助他人通过代码完成更多工作，希望本书能帮您做到。我希望您已深知如何事半功倍地大幅提升编程生产力。而且我希望您在翻过这一页之后，尽快开展您的第一个或者下一个编程项目，而且在由志同道合的程序员组成的 Finxter 社区中保持活跃。为您的成功干杯！